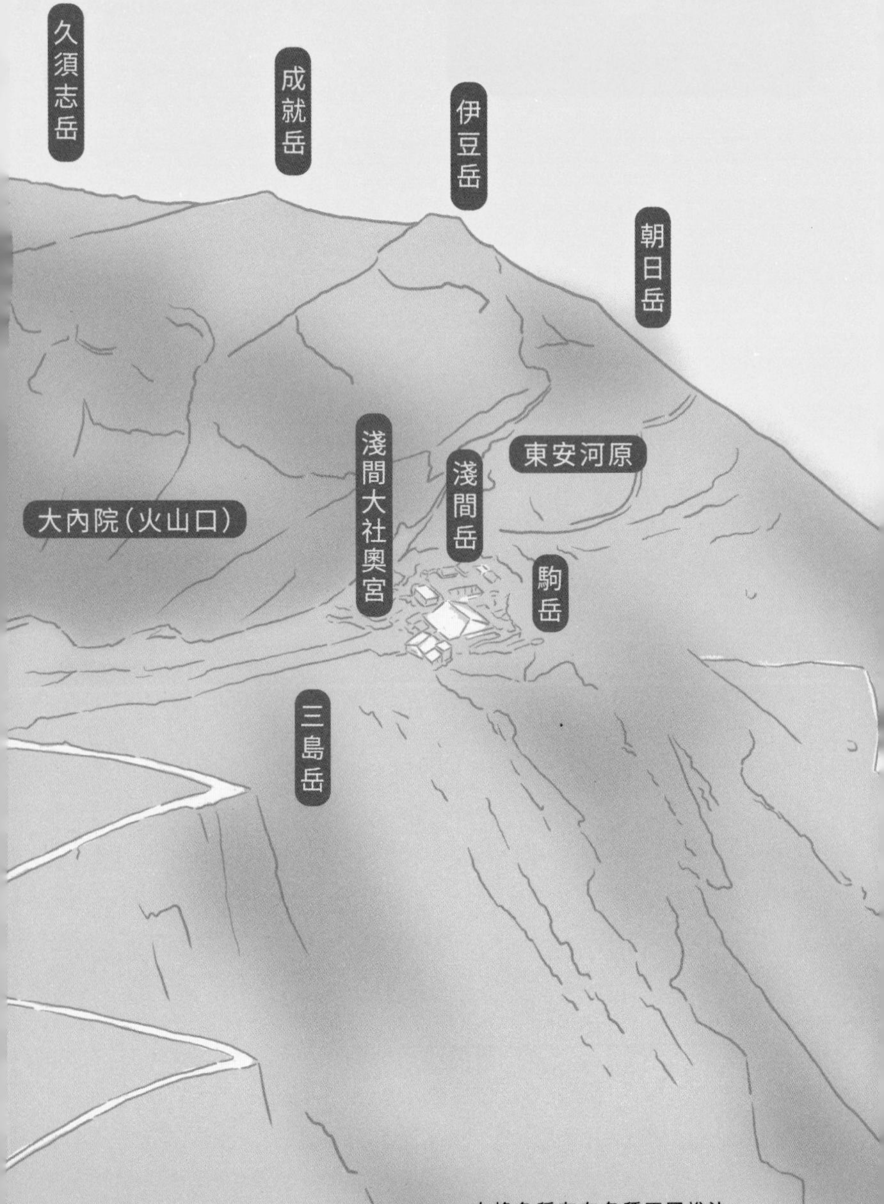

山峰名稱存在各種不同說法。
本圖參考了富士登山官方網站使用的名稱。

富 士 山 頂

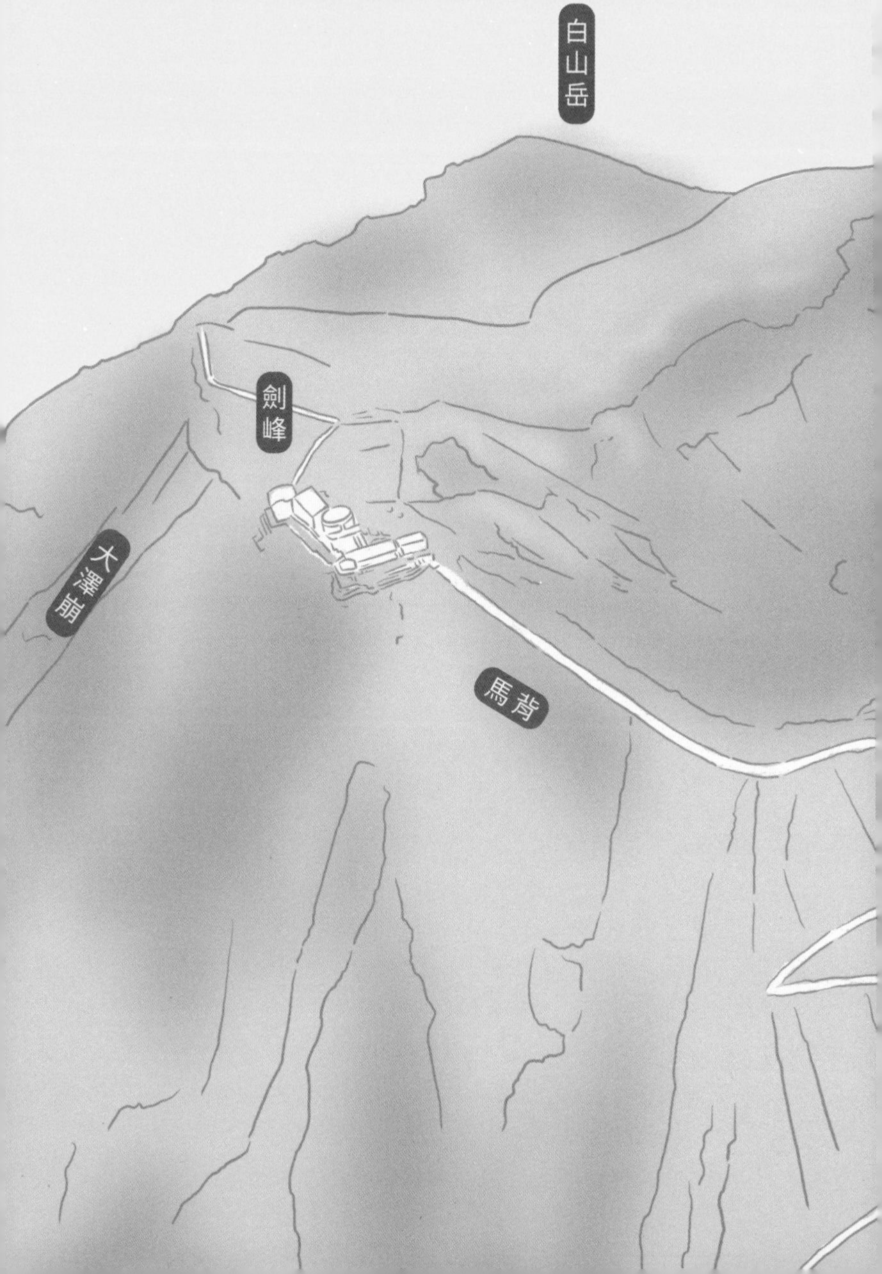

歡迎來到・富士山測候所

在日本頂峰挑戰科學最前線

長谷川 敦・著　陳識中・譯

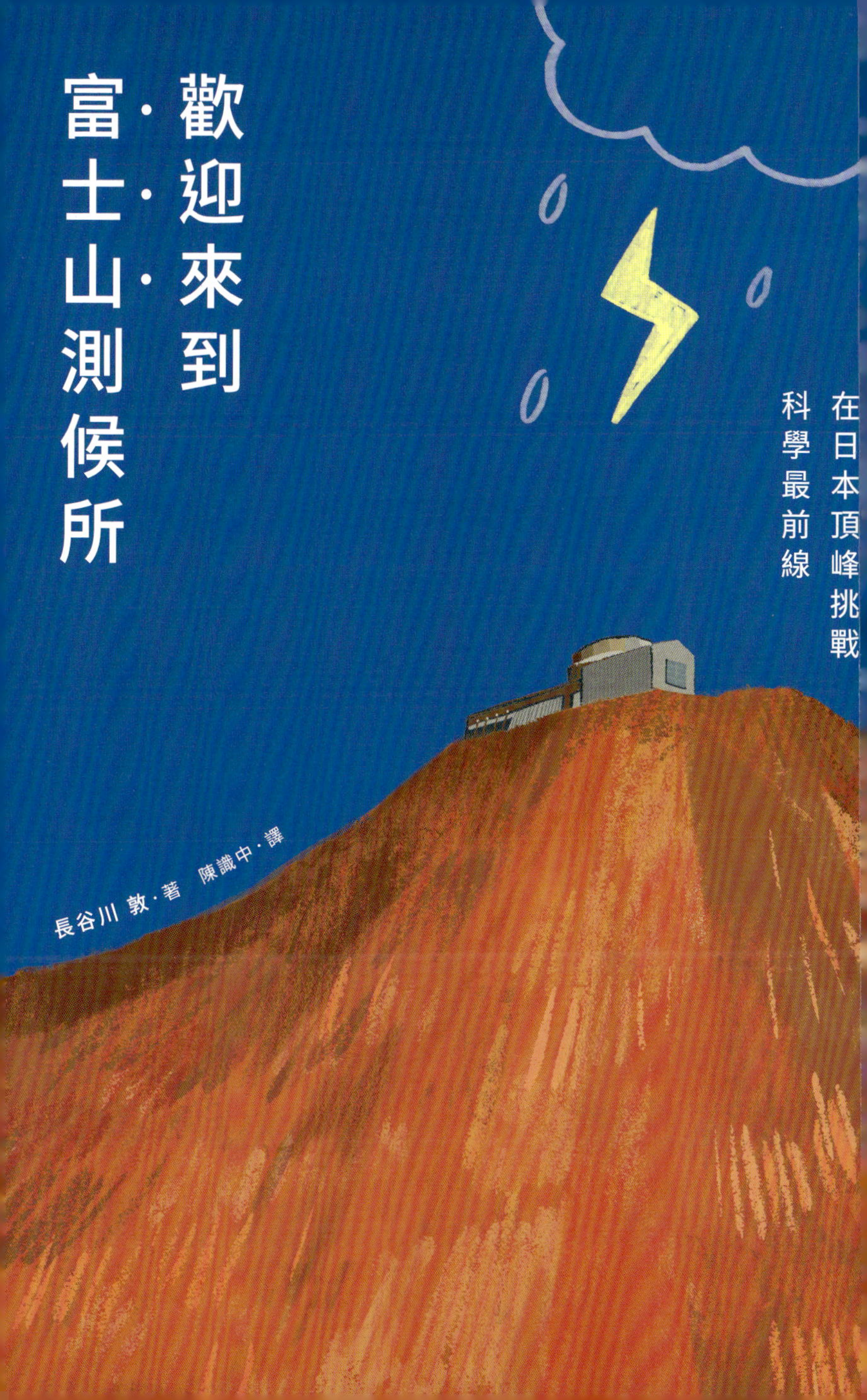

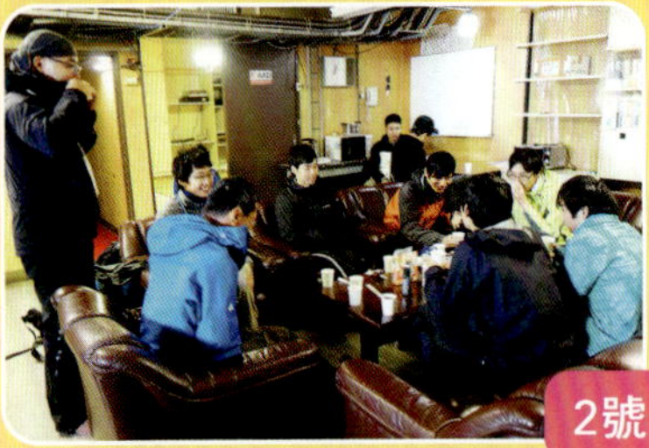

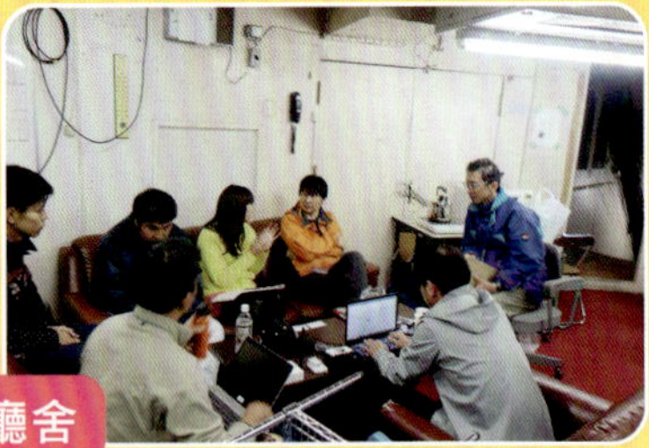

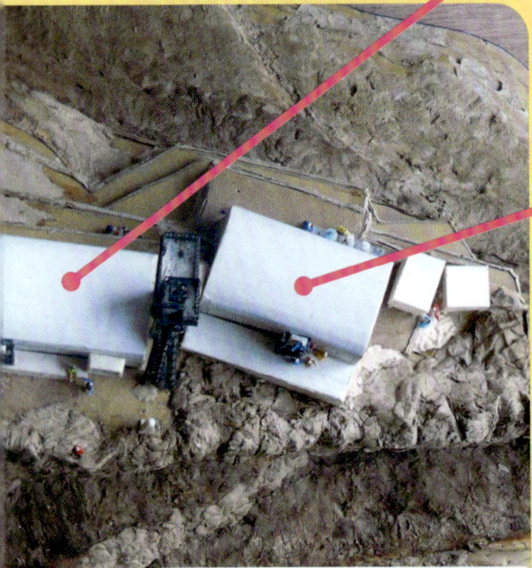

2號廳舍

2號廳舍原本是規劃作為生活空間使用，但在夏季觀測期間會被當成高海拔醫學（➡149頁）的研究空間，以及研究員們的休息室。

3號廳舍

過去在地下裝有2個15噸的水槽，用於收集雪冰並融化作為生活用水（➡54頁）。廳舍內裝有大氣的進氣口，用於全年無休地監測二氧化碳濃度（➡102頁）。3號廳舍的西側則進行微塑膠的採集研究。

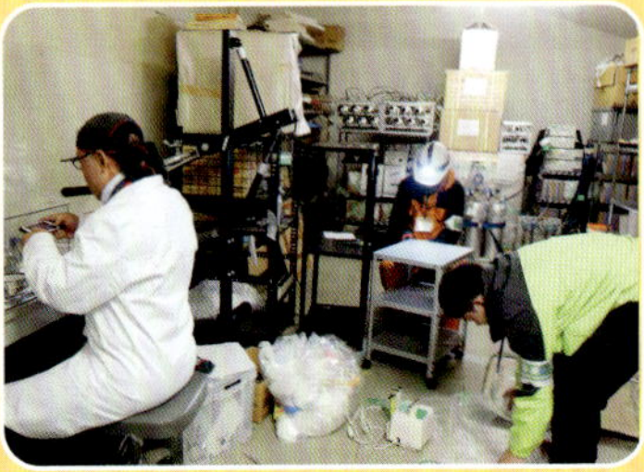

測候所的飲食如何？

大家自己準備食物和飲料。因為測候所內禁止用火，但可以使用微波爐等電器，所以職員們平時大多吃可用微波爐加熱的微波食品。

測候所有廁所嗎？

測候所平時無人居住，故沒有廁所。夏季觀測期則會在4號廳舍安裝救災用的移動廁所。在長達2個月的觀測期間會堆積約500人份的排泄物，工作人員會將其封入紙箱，分成數次用推土機運到山下。這個過程被戲稱為「炸彈處理」。

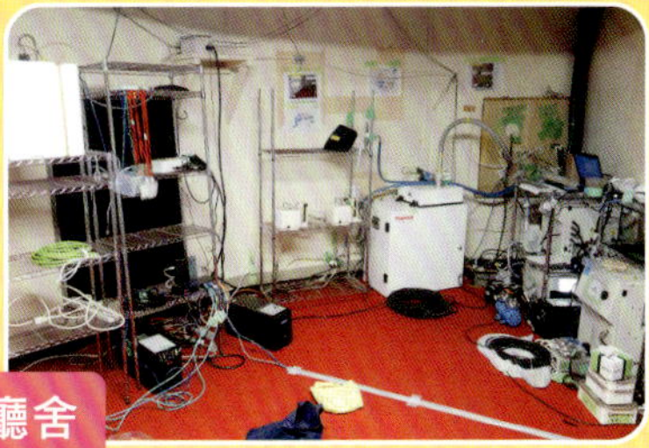

1號廳舍

位於直徑9公尺的圓頂雷達下方的這個房間設有大氣的進氣口，擺了許多觀測用器材（➡112頁）。

4號廳舍

裝有舊測候所時代的電源裝置。在夏季觀測期間，房間角落會擺放移動式置物籃。

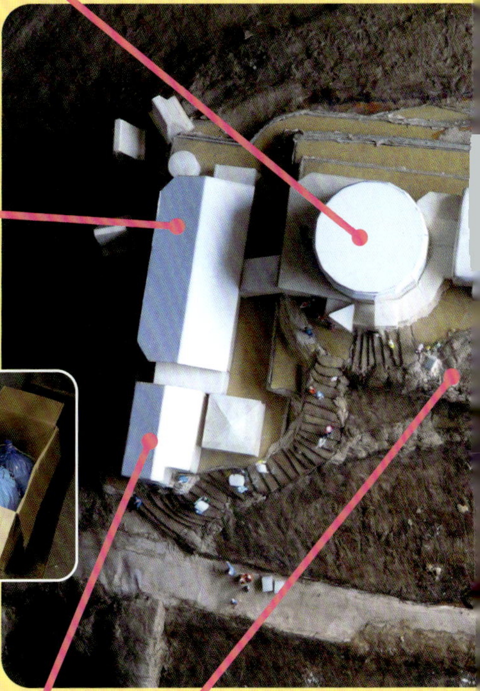

立體透視模型製作：中山良夫

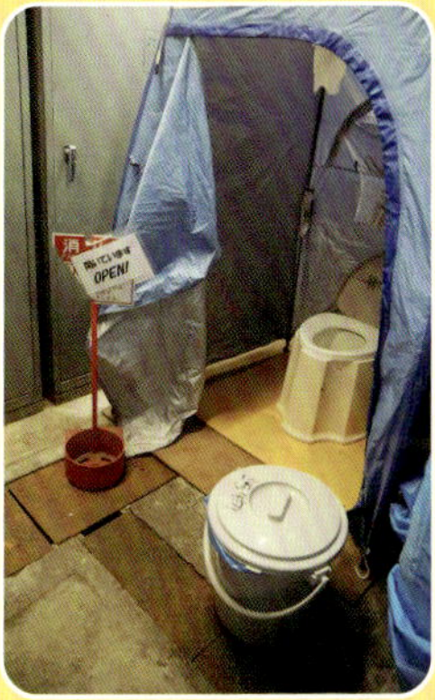

臨時廳舍

1970年建造新廳舍時搭建的作業員居住處。現由山頂班使用（➡80頁）。

三角點

日本標高最高的地方，立有「日本最高峰富士山劍峰 三七七六米」的柱子，在夏天的登山季總有很多人造訪。

富士山測候所是這樣的地方

正在把觀測器材搬入測候所的研究員們

夏季觀測參加者達到5000人次紀念（2019年7月）

歡迎來到·富士山測候所

在日本頂峰挑戰科學最前線

長谷川 敦·著　陳識中·譯

前言——你聽過富士山測候所嗎？

富士山是日本第一高山，這件事所有人都知道。但你知道在富士山標高三七七六公尺的山頂上，有一座名為「富士山測候所」的建築物嗎？

富士山測候所由一號廳舍到四號廳舍四座建築物組成。很多原本不曉得測候所存在的登頂者，在看見這座咖啡色的建築物時說不定會嚇一跳，還會心想「光是爬上來就這麼辛苦了，沒想到居然還有人在這裡施工，蓋了這麼大一座建築，真了不起」。

畢竟富士山頂的大氣含氧量只有地面的三分之二。由於氧氣不足，人類在這裡光是稍微運動一下身體就會氣喘吁吁，還很容易發生頭痛、嘔吐等症狀。要在這種環境下蓋房子，光是想像就很難受。

此外，富士山測候所的厲害之處還不只是建造地點。富士山頂的風很強，全年的平均風速高達秒速十二公尺左右，有幾天還會刮起秒速二十公尺的颱風級強風，過去更記錄到最大瞬間風速超過九十公尺的超級強風。但是即便遇到這種普通建築物可能早就被掀翻的強風，富士山測候所依然紋絲不動，可見這座建築物非常堅固。

測候所是隸屬於日本氣象廳的研究設施，用來觀測某地點的氣溫、氣壓、濕度、風向、風速、降雨量等資料。這些資料對於天氣預報非常重要。測候所內有氣象廳的職員，他們會每天在固定的時間測量上述的氣象資料。以前日本各地曾有超過一百間這種測候所。

而在這些測候所中，富士山測候所也算是很特別的存在。由於天氣會從天空的高處開始變化，因此在日本第一高山富士山上設置測候所進行觀測，對於提高天氣預報的準確度非常重要。這便是為什麼日本氣象廳要不惜千辛萬苦，在這個氧氣稀薄、人類一下子就喘不過氣的富士山山頂建造測候所。而富士山測候所的職員們，也是為了這個原因才堅持不懈地在此嚴峻的自然環境中觀測氣象。

另外，富士山測候所還設置了一座名為富士山雷達的氣象雷達。富士山雷達可以監測八百公里外的海面，第一時間捕捉到在南海發生的颱風，掌握其行進路徑。富士山雷達就像是一座保護日本免受颱風侵襲的「堡壘」，然而這件事日漸不為人知。這座富士山雷達，同樣是人們費盡千辛萬苦才建造起來。

如此說來，富士山測候所可說是一座凝聚了人們「想要提高日本天氣預報能力」、「想保護日本人民不受颱風侵害」等願望的地方。

現在，雖然富士山測候所的建築物依然留在那裡，但裡面已經沒有氣象廳的職員在工作。二〇〇四（平成十六）年十月一日中午過後，工作到最後一刻的四名職員鎖上了建築物的大門，離開了富士山。從此改由機器代替人類自動進行觀測。建築物的名稱也正式改名為「富士山特別地域氣象觀測所」，但很多人仍習慣用叫了多年的「富士山測候所」這個名字稱呼它。本書也同樣繼續使用富士山測候所這一名稱。

不只是富士山測候所，以前分布在日本各地的測候所，如今除了北海道帶廣市和鹿兒島縣奄美市的測候所外，也都全部關閉了。因為現在已有先進的自動觀測技術，不再需要特地安排人力觀測。

然而，儘管氣象廳的職員已經離開富士山測候所，卻不代表現在就完全沒有人在使用這座建築物。因為仍然有研究全球暖化、大氣汙染、雷、高山症的科學家或是學生組織會向氣象廳借用這座建築物，在夏季的兩個月間到此從事各式各樣的觀測。

這群人在聽到「氣象廳決定將富士山測候所改為無人設施」的新聞後，認為「不能讓富士山測候所就這麼關閉」，馬上就展開了行動。因為他們認為「雖然對氣象廳而言，富士山測候所可能已經不那麼重要了，但我們卻不能沒有它。因為有很多研究只有在富士山頂才能做」。他們拚命向國家請願，並成功讓氣象廳同意出借測候所。

比如有科學家在富士山頂觀測二氧化碳濃度。二氧化碳是一種對全球暖化有巨大影響的氣體，因此準確知道目前地球上的二氧化碳濃度非常重要。詳細的原因本書後面會描述，總之想觀測到準確的二氧化碳數據，富士山這種高海拔地點是非常理想的位置。

因此，富士山測候所對於「想從事只有在富士山頂才能做的研究」的科學家們而言，也是一個夢寐以求的場所。雖然只能在夏季停留，但如今科學家們能租借富士山測候所做研究，便是其投入意志力和努力的成果。

本書大致由前半部和後半部兩個部分組成。

在PART I，我們會介紹當初意識到在富士山山頂觀測氣象之重要性的人們，究竟跨越了哪些困難，如何在山頂建造了測候所，開始進行氣象觀測。以及富士山測候所的觀測又是如何為社會和一般大眾的生活帶來幫助。

還有，在富士山測候所改為無人設施的時候，科學家團體如何看待這件事、如何採取行動，以及今日他們為了營運測候所又下了哪些工夫。

換言之，前半部的主題是對富士山測候所和富士山頂懷抱熱情的相關人士，從過去到現在的故事。

另一方面，在後半部的PART II中，我們請到了六位長期利用富士山測候所做研究的學者，介紹他們在富士山頂做的研究內容，以及這些研究的有趣之處。讀完後半部的內容，相信讀者便會了解「只有在富士山測候所才能做的研究」到底是什麼樣的研究，以及其魅力和重要性。

那麼，接下來就讓我們馬上進入這段圍繞著富士山測候所的故事吧。故事的起點始於大約一百三十年前，日本的明治時代中期。

目次

PART I

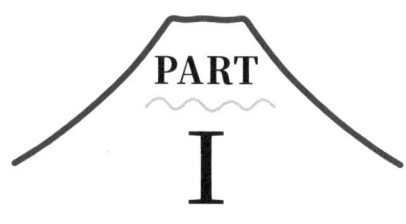

富士山測候所的歷程，以及與測候所有關的人們

PART II

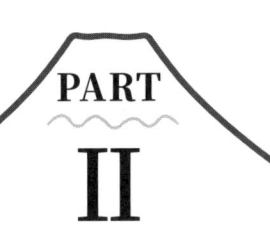

富士山測候所是位於日本最高點的研究所

PART I

富士山測候所的歷程，以及與測候所有關的人們

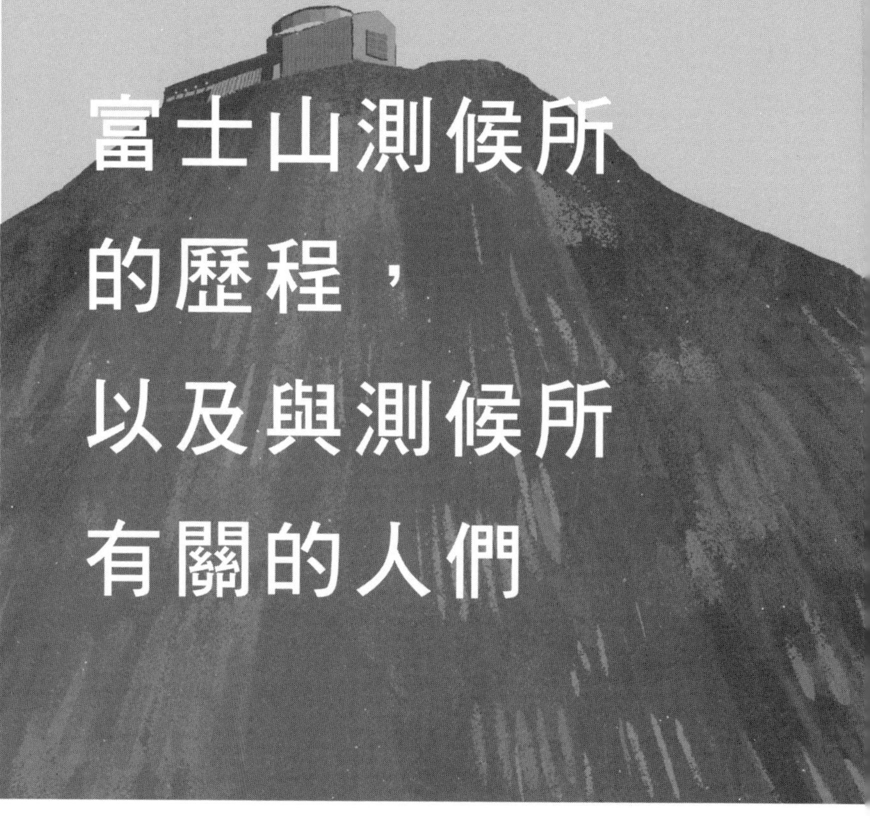

1 氣象觀測始於富士山的頂峰

只要在富士山頂建造觀測所，就一定能讓天氣預報變準

要講述富士山觀測一路走來的故事，首先就必須從這個人開始講起。

一八九五（明治二十八）年十月一日上午零點，有位青年決定隻身挑戰在富士山頂觀測氣象。這位青年的名字是野中至，當時二十八歲。

至的目標是在富士山的山頂停留一個冬天，持續進行觀測。在冬天的富士山頂進行觀測，在當時是個從未有人做過的挑戰。

至給自己設定目標，要在富士山頂從午夜零點開始每隔兩小時觀測一次，一天觀測十二次，一日也不間斷地持續觀測山頂的氣溫、濕度、氣壓、風速等資料。當時他用來當成觀測所的居所，是他趁著夏天僱用木工在山上搭建，南北長五・四公尺、東西長三・六公尺左右的木造小屋。

至的心中有個信念：「要想提高日本天氣預報的能力，就必須在富士山這種高海拔的地點建造觀測站，並建立可全年無休觀測氣象的制度」。

當時，日本的氣象觀測制度才剛建立。直到一八八三（明治十六）年，日本才開始在全國各地建造測候所，畫出日本最早的天氣圖。距離至挑戰在富士山頂觀測氣象不過是短短十年前的事。而首次開始公布天氣預報，則是一八八四（明治十七）年的事。然而當時的天氣預報可說是「完全不準」，遭到許多批評。

在一八八三年到一八八四年期間，日本還沒有能力獨自製作天氣圖，發布天氣預報的技術。當時製作的第一張天氣圖，是根據全國二十一座測候所收集並透過電報發給東京氣象台的氣溫和氣壓等資料，再由從德國聘來的埃爾文・克尼平

（Erwin Knipping）工程師製作。

因此，想提高天氣預報的準確度，除了充實觀測器材，最重要的便是提高日本人的觀測技術和預報技術，而野中至認為除此之外「高海拔觀測」也必不可少。

平地和高空的氣壓和風向都不一樣。而天氣是從高空開始往下變化，所以提前掌握高空的氣壓和風向，對於預測地面的天氣變化非常重要。

在這點上，最適合觀測高空氣象狀態的地點，自然就是富士山的山頂。因為這裡不只是日本最高的地方，還是一座「獨立峰」，旁邊沒有其他相同高度的山峰，深具優勢。在富士山頂不會受到周圍山脈的影響，可以精準掌握高空的狀態，被認為是一座天然的「觀測塔」。

然而在此觀測的難題在於，富士山頂的自然環境非常嚴酷。尤其是冬季的平均氣溫可下降到接近零下二十度。平均風速也是冬季最強，可達夏季風速的兩倍。

富士山頂的氣象觀測，其實以前早有大學教授和氣象台的職員在夏季做過好幾次。夏天的富士山雖然也會遇到惡劣天氣，但從每年有很多登山者造訪這點可以看出，夏季的富士山整體來說仍算是慈眉善目。

然而野中至想要實現「建立可全年在富士山頂觀測氣象的制度」，就必須證明即便是在嚴苛的冬季也有可能觀測氣象，於是他決定親身證明這一點。

至在當時既非氣象台的職員也不是大學教授。雖然有受過當時擔任日本中央氣象台工程師的和田雄治的幫助，但他並未屬於任何組織，只是一介自學氣象學的平凡青年。所以他在富士山頂進行觀測的所有花費，全都是自掏腰包。不過在觀測器械方面，順利在和田的幫助下從中央氣象台借到了器材。

在嚴苛的自然環境中，氣象觀測困難重重

至在富士山頂的觀測計畫，從一開始就充滿了艱辛。當時明明還只是十月初，雪水卻不斷隨著冷風和風雪吹入小屋的牆縫，光是為了堵住雪水，確保睡眠品

質就費了他許多精力。同時風速計也被冰雪凍得難以轉動，逼得至不得不大半夜跑到屋外，用鐵鎚敲掉附著在器械上的冰雪。

觀測開始後十二天的十月十二日，一位意想不到的訪客來到了富士山頂的小屋，也就是至的妻子千代子。千代子為了幫忙至的觀測活動，將年幼的孩子託娘家照顧，也登上了富士山。至見到她後大為震驚，甚至對著她罵道「我不用妳幫忙，快給我回去」。但千代子卻不為所動，堅決表示「我也是做好覺悟才來到這裡。我要留在這裡幫你的忙」。於是夫妻二人便一同在這裡展開了觀測生活。

千代子加入後，至的負擔減輕了不少。因為煮飯燒水等觀測以外的工作，全都可以交給千代子幫忙。事實上，每隔兩小時，一天進行十二次觀測，這件事本身就窒礙難行，如果只有至獨自一人，身體很可能會撐不住，沒過幾天就累倒了。

然而即便如此，狀況依舊非常艱難。向氣象台借來的溫度計和風速計等器材，根本熬不住富士山嚴苛的自然環境，三不五時就停止運作或壞掉。而且富士山頂的氣壓比原先預想得還低，甚至還發生過帶來的氣壓計無法正確測量的情況。

野中至與千代子，1896（明治29）年1月（提供：野中勝先生）

不但如此，夫妻倆在這段期間還弄壞了身子。十一月初，先是千代子罹患扁桃腺炎，出現喉嚨痛和發燒等症狀，連喝水吞嚥都很困難。後來症狀好轉，本以為終於要痊癒時，沒想到又出現全身浮腫的症狀，難以下床行走。而且不久後連至也開始出現水腫，背後的原因是蔬果攝取不足。

結果兩人在富士山的觀測活動只進行了八十二天便中止。中央氣象台的和田雄治等人擔心至和妻子的情況，登上富士山頂查看後，強力說服兩人，並將他們背下了山。這是十二月二十二日的事情。

至的計畫無論怎麼看都太過有勇無謀了。當時，不曾有人成功獨自在富士山頂過冬，換言之，冬天的富士山頂仍是充滿未知的環境。而他起初竟打算獨力挑戰這種未知的環境，計畫明顯不可行。一旦走錯半步，至和千代子都會丟掉性命。

但野中至並不是單純出於冒險精神才採取了這樣的行動。正因為在冬天的富士山進行氣象觀測很不容易，所以他才認為自己必須先站出來挑戰，將過程中學到的東西與經驗帶回來，傳遞給更多的人，為氣象觀測的發展貢獻心力。

至為了讓人們參考自己的經驗，從富士山回來後寫了一篇題名為〈寒中滯岳記〉的文章。他在這篇文章中提出了各種今後在富士山進行觀測所需的條件。其中他特別提到了觀測所的建物必須夠大，設置可供運動的房間和盥洗室，且構造必須堅固密實，防止風雪吹入室內。同時還列舉了觀測所應隨時有三名以上的人員駐留，採取定期輪值制，並確保與地面的通訊狀態等提議。這些全部都是他從自己在富士山頂的經驗中學習、思考後的心得。

以五十八歲之齡，挑戰在冬季的富士山進行觀測

之後有很長一段時間都沒有人再挑戰在冬天的富士山頂觀測氣象。背後最大的原因就跟至與妻子當初挑戰時相同，是因為當時的觀測器材扛不住富士山過於嚴酷的氣象條件。

然而在此期間，社會對在富士山這種高海拔地點觀測氣象的期待，變得比以

前更加高漲。

一九一〇（明治四十三）年三月，一個急速發展的低氣壓通過了千葉縣的房總半島近海。當時正出海捕魚的漁船突遭惡劣天候襲擊，光是茨城縣就有十二艘漁船沉沒，十五艘失蹤。這起事故也在當年的國會上被提出，許多人認為「如果掌握了高空的氣象狀況，即便地面上出現急遽的天氣變化，理論上我們也應能更早察覺，是不是就能防止這類事故了呢？」最終全場一致通過了建造高層氣象台的建議（意見、提案）。

一九三〇（昭和五）年一月，繼野中夫妻之後，另一位挑戰在冬天的富士山頂觀測氣象的人物出現了。這個人便是時任日本中央氣象台職員的佐藤順一。

佐藤於一九二七（昭和二）年，在民間的援助下於富士山頂建造了一座俗稱「佐藤小屋」的觀測所。然後自這年開始，佐藤先是在夏季展開了觀測。接著在一九三〇年，他終於開始挑戰冬天的富士山。此時的佐藤竟然已是五十八歲高齡。佐藤從年輕時便一直在心中醞釀著這項計畫，直到找到協助者提供資金援助後，才終於實現了這個夢想。

佐藤從一月初到二月初大約一個月間，窩在佐藤小屋中進行觀測。他的觀測過程同樣遇到了危險。駐留期間，由於營養不足，佐藤患上了腳氣病（維生素B不足導致的疾病，會出現身體倦怠、腳麻、水腫等症狀），而且下山時還因為嚴寒而凍傷，嚴重到下山後就必須馬上住院的程度。

1929（昭和4）年，拍攝於佐藤小屋前。前排左起第二人便是佐藤順一先生（提供：佐藤春夫先生）

隔年，他再次於冬天登上富士山頂進行觀測。這次佐藤找來了其他中央氣象台的職員，以輪班的方式進行觀測。冬天的富士山依然十分嚴酷，常常打開罐頭時發現裡面的食物已被凍得硬邦邦，就連鋼筆的墨水也結凍，完全寫不出字來。儘管如此，由於此次累積的經驗，職員們也逐漸掌握了訣竅，發現「不只是夏天，即便是冬天的富士山頂，感覺也有辦法進行觀測」。

職員們「想做更多觀測」的熱情，終於打動政府

然後，在野中至和千代子夫妻二人挑戰冬天富士山時仍是癡人說夢的全年觀測，終於變成了現實。

一九三二（昭和七）年和一九三三（昭和八）年，是第二屆國際極地年舉辦的年分。這是由全球各國合作，一同觀測北極和南極的氣象，以及各個不同地區的高空大氣的企劃，日本也有參加。而這項企劃的子項目之一，便是在一九三二年八月一日到隔年八月三十一日這十三個月間，在富士山頂進行氣象觀測。

為了這項企劃，日本在富士山頂一處名為東安河原的場所新建了一座由三棟建築組成的觀測所，並命名為「臨時富士山頂觀測所」。至於觀測活動則比預定早

了一個月，從七月一日開始。

七月底，野中至在得知日本開始在富士山頂進行全年觀測後，造訪了這座觀測所。當時，至還帶上了自己以前在富士山頂做觀測時用，充滿了回憶的寒暖計。但遺憾的是千代子夫人並未一同現身，因為千代子此時已離開人世。那年距離兩人當時的挑戰已經過了三十七年的歲月。

在臨時富士山觀測所內，職員們除了使用器械測量氣溫、濕度、氣壓、風向、日照量等數據外，也直接用肉眼觀測了雨、雪、霧、雲的量和外形等所有與氣象有關的資料。跟三十七年不同，當時的觀測器材終於能夠承受嚴酷的氣象條件。在山頂負責觀測的職員共有六名，每個月輪班一次。

最初觀測原定在一九三三（昭和八）年八月結束，後來又決定延長到該年的十二月。然而臨時富士山頂觀測所的職員們卻仍不滿足於此，大家都希望「繼續觀測下去」。

他們的想法是正確的，如果僅滿足於一年幾個月的觀測企劃，那麼高海拔觀

1933（昭和8）年，臨時富士山頂觀測所前。後排右起第二人即是野中至（提供：野中勝先生）

測技術的進步將就此停駐，無法利用在富士山頂的觀測結果提高天氣預報的精準度。

於是在一九三三年八月和九月，以藤村郁雄為首的觀測所成員們，一同來到時任中央氣象台台長的岡田武松面前，向上司表達想繼續觀測下去的訴求。

最初他們得到的回覆當然是「NO」。理由是「已經沒有預算在富士山頂進行下一年度的觀測了」。

當然，藤村等人沒有就此打退堂鼓。他們表示「只要省著點用，觀測所內既有的食物和燃料完全可以撐到明年夏天，所以即使沒有預算也不是問題」。但岡田台長還是沒有點頭。

「不，就算不考慮食物和燃料，也還有要發給你們的津貼，這些人事預算也都不夠用了。」

聞言，藤村等人這麼回應。

「我們每個月都有薪水可領，大家又都一起住，不需要那麼多錢。況且山頂的觀測所有很多食物和燃料，都不用花錢買。只希望您允許我們前往山頂而已。」

見藤村等人說到這個地步，岡田台長也再無話可說，答應會盡最大努力幫他們爭取。

最終，在岡田台長等人的努力下，一個專門贊助各種社會活動，名為三井報恩會的民間團體，幫忙支付了下一年（一九三四年）的觀測預算，可以說是藤村等人的熱情打動了岡田台長以及三井報恩會。順帶一提，即便最後中央氣象台不願發放次年度的預算，藤村等人也打算強行待在觀測所繼續觀測。

不僅如此，藤村等人的熱情更打動了政府。在一九三五（昭和十）年召開的國會會議上，最終決議每年由國家給付之後的預算。

之後，在一九三六（昭和十一）年，臨時富士山頂觀測所拿掉了「臨時」二字，改名為富士山頂觀測所。觀測所終於不再是臨時性質，成為一間可以實現野中至當年的目標，在未來全年持續觀測氣象的觀測所。

2 將富士山變成保護日本免於颱風侵襲的「堡壘」

總是伴隨危險的勤務

後來氣象廳又在一九三五（昭和十）年至一九三六（昭和十一）年間於劍峰上建造了新的建物，於是原本設置在富士山頂東安河原的觀測所便搬遷到了新的設施。富士山頂有八座山峰，劍峰是這八座山峰中最高的。因此氣象廳認為既然今後還要繼續在富士山頂觀測，那劍峰應該是最合適的場所。這棟建築直到一九七三（昭和四十八）年新廳舍（現在的富士山測候所）完工前，足足使用了近四十年。

蓋在劍峰上的富士山頂觀測所（提供：氣象廳）

位於富士山頂的觀測所得以落成，都是因為野中至和千代子、佐藤順一、以及藤村郁雄為首的氣象台職員們對「想要提高日本的氣象預報能力，就必須能在富士山頂進行全年觀測」抱有強烈信念，並實際付諸行動。

而在觀測所完工後，這次又換成觀測所內職員們「富士山頂的觀測活動一天都不能中斷」的強烈使命感，支撐著這座觀測所持續營運下去。

觀測所開設之初採用的是原則上每三十天輪值一次的觀測體制。職員沒在觀測所輪班的時間都在東京的中央氣象台上班，直到接近交接日才從東京出發，從靜岡縣的御殿場前往富士山頂。在夏天的登山季，御殿場到富士山中腹的太郎坊（標高一三〇〇公尺）之間有巴士運行，所以可以先搭巴士再徒步登山。至於除此之外的季節，就只能從富士山山腳徒步爬上山頂。當然過程是所有輪班成員會合後再一起行動。

在觀測所工作的職員人數，在一九三八（昭和十三）年時共有五名，其中四名負責觀測工作，一名負責通訊。此外，還會從「強力」中挑選擅長煮飯的人負責炊膳。

所謂的「強力」，指的是替登山客將行李從富士山山腳搬到山小屋的搬運業者。將行李搬到觀測所的工作也是由他們負責。從事強力工作的大多都是當地人。

強力們會趁著夏天將一年份的燃料和白米、味噌、罐頭等易於保存的食物搬上觀測所。而在夏天以外的季節，也會配合觀測所職員每月一次的交接日，陪他們一起爬上山，幫忙搬運蔬菜等生鮮食材和觀測器械。此外在月與月之間，也會幫忙

運送書信和食物之類的物品。

冬天的富士山不僅地面會結凍，還有強風和嚴寒侵襲，因此光是上山的路途就非常危險。但這些強力們卻要在這種環境中背著幾十公斤的行李，一路登上山頂。在觀測所內工作的職員們之所以能專注在自己的工作上，都得歸功於這些強力們的協助。

當然對職員們來說，在富士山上的工作同樣伴隨著危險。

比如在一九四四（昭和十九）年四月，一位名叫今村一郎的職員便在前往富士山頂觀測所的途中遇難，不幸喪命。

然後在一九四六（昭和二十一）年十二月，小出六郎先生也在勤務中遭遇意外身亡。

當時小出先生走在登山道上，意外從九合目附近的堅硬積雪上摔落，就這樣從陡坡滾落到八合目附近。

接著在一九五八（昭和三十三）年，一位經驗豐富的資深職員長田輝雄先生，也在前往山頂執行勤務的攀爬過程中被強烈陣風吹飛，不幸殞命，成為第三位殉職者。

而長田先生恰好是當年第一個找到首位殉職者今村一郎遺體的人。同時，長田先生在小出六郎先生殉職後，為避免出現更多犧牲者，便著手整修了登山道。小出先生當時滑落的地方路面很堅硬、容易結凍，非常危險，因此他決定在原本道路右邊的山脊修建另一條安全的道路。

在長田先生去世後，全國氣象廳的職員紛紛主動捐獻，用這筆善款繼續完成了道路的整備。就這樣蓋出了一條寬一公尺、長一千一百公尺的登山道，而且在坡度較陡的地方還裝設了鐵柵欄。這條登山道後來便被稱為「長田尾根」（日文的「尾根」即「山脊」之意）。

在富士山山頂裝設高性能雷達

富士山頂觀測所在一九四九（昭和二十四）年改名為「富士山觀測所」，隨後又在一九五〇（昭和二十五）年改名「富士山測候所」。

在此數年前的一九四五（昭和二十）年，日本在跟美國和中國的戰爭（太平洋戰爭）中落敗。許多城市因空襲毀壞，平民陷入連確保下一餐都很困難的窘境。

在此期間，觀測所的營運也變得艱難，更有應該廢除觀測所的意見。然而第一線職員們卻認為「無論如何必須守護觀測所」，仍舊一天也不中斷地進行觀測。然後在一九五〇年，觀測所好不容易挺過了廢除危機，以富士山測候所的身分重新出發。正好當時日本也從戰敗的陰影中站起，經濟開始重新成長。

而當時「保留觀測所」的選擇，從結果來看非常正確。因為富士山測候所在那之後肩負起守護人命的重任。

當時的日本每隔幾年，便會遇到死亡人數破千的颱風風災。比如一九四五（昭和二十）年的枕崎颱風造成了三千七百五十六人死亡和失蹤；一九四七（昭和二十二）年的凱瑟琳颱風造成了一千九百三十三人，一九五四（昭和二十九）年的洞爺丸颱風造成了一千七百六十一人死亡。

在洞爺丸颱風侵襲當時，負責接駁北海道函館與青森的青函聯絡船「洞爺丸號」的船長，一度以為颱風已經過境，便決定從函館港出港。然而實際上颱風還未離開，導致洞爺丸在離港後因強烈的風浪而沉沒，演變成一千一百五十五人死亡的事故。

然後在一九五九（昭和三十四）年九月，超大型颱風伊勢灣颱風侵襲了以東海地方為中心的區域。此颱風登陸後的最大風速高達四十五・四公尺，捲起的潮水令許多鄉鎮變成水鄉澤國，死亡、失蹤者多達五千零九十八人，造成當時日本史上最嚴重的颱風災情。

設置在富士山頂的圓頂雷達（1990年代，佐藤政博先生拍攝）

以當時的氣象預報技術，日本人在面對颱風時能做的事情非常有限。

雖然日本已在全國建造了很多測候所，但颱風的速度很快，因此想正確掌握其位置並預測之後的路徑，可以說非常困難。

另一方面，當時日本的氣象廳也正在研發氣象雷達，並陸續於大阪、福岡、東京設置雷達。只要有了雷達，理論上就能掌握颱風的位置。問題是這些雷達的可觀測範圍很窄。因為雷達波很容易被山脈阻隔，無法探測到山後面的範圍。

這種種因素，皆導致氣象廳在颱風登陸前都無法掌握到颱風的位置和路徑。

如果能在颱風登陸二十四小時前預估到颱風的速度和路徑，就能提前疏散民眾，讓民眾做好防颱準備，將損害控制在最小的程度。

那麼，究竟該怎樣才能做到呢？

此時，氣象廳的職員們想到了一個點子，就是「在富士山測候所設置高性能、高功率的雷達」。據說這是職員們在閒聊時誕生的點子。

富士山是日本第一高山，所以只要把雷達設置在那裡，由於周圍都沒有其他山脈阻擋，就能讓雷達電波傳到很遠的地方。

換言之，氣象廳打算將富士山化為保護日本抵擋颱風的「堡壘」。

於是，氣象廳請求大藏省（現在的財務省）撥給在富士山設置雷達的預算。後來大藏省通過預算，在一九六三（昭和三十八）年和一九六四（昭和三十九）年的兩年間完成了施工。

決定放下五百年舊業的馬方們

然而，要順利完成富士山雷達的建設計畫，並不是一件容易的事。

在這項計畫中，大成建設負責建造雷達站的建築，而三菱電機負責研發雷達本體。而大成建設派了當時二十九歲的伊藤庄助先生擔任工程現場的總指揮。伊藤先生的肩上扛了非常大的壓力。雖然整個工程有兩年的施工時間，但實際上能施工的時間只有富士山頂沒有積雪的夏天三個月。而且遇到天候惡劣的日子，還不得不中止施工。

同時，如何將建造雷達用的資材運上位於山頂的富士山測候所也是一大難題。說起能將沉重貨物搬上山頂的專家，自然就聯想到強力。但強力一個人最多也只能背負五十公斤的貨物，而建築資材大多重達一百至一百五十公斤。

伊藤先生最初本想靠馬匹運送資材。在富士山周邊，除了「強力」之外，自古以來還有一種俗稱「馬方」的人們，專門從事用馬匹替人搬運貨物的工作。而馬匹大概可以將貨物搬運到富士山七合目、八合目的位置。

伊藤先生原本想利用馬匹將資材運送到山頂的工地，但實際執行後，卻發現馬兒在爬到三千六百公尺的地點後就突然不再前進，而且眼睛還開始流淚。原來是因為山頂附近的氧氣太過稀薄，導致馬匹呼吸困難。

於是，伊藤先生接著又想到用直升機將資材運上山頂。

他打算在施工地的劍峰上建造一座七公尺見方的載貨台，然後用直升機吊著資材運到山頂，在載貨台的上方切斷吊繩，讓資材落在載貨台上。

然而這個方法也遇到了問題。富士山火山口上空的氣流十分複雜，萬一直升機被捲入亂流，將會有墜毀的危險。以前就曾經發生過類似的墜機事故。

於是他決定請直升機的駕駛試飛了幾次，先調查氣流的流動。結果發現直升機哪怕只是進入火山口範圍一公尺也會被捲入亂流，令直升機無法操縱。

因此，飛行員必須具備非常精湛的駕駛技術，而且操縱直升機時，飛行員必須同時觀察周圍的狀況，只有在視線良好的天氣中才能飛行。因此即便是在夏天，實際也只有四、五天才能飛一次。

「如果只靠直升機載的話，絕對趕不上工期。到底該怎麼辦才好……。」

伊藤先生傷透了腦筋。

然後他突然靈光一閃，想到可以利用推土機來運送。只要拓寬通往山頂的道路，就能使用推土機把資材載到山頂了。

而當時幫助伊藤先生實現這個構想的，則是富士山馬方組合的人們。所謂的馬方組合，即是由馬方業者組成的團體。富士山的馬方行業已有五百年的歷史，但馬方們卻決定拋棄利用馬匹運送貨物的傳統做法，改為利用推土機。

就這樣，伊藤先生總算找到方法解決「如何將資材運到山頂工地」的難題。

希望一生至少留下一件能向子孫炫耀的成就

然而，困難仍未結束。

在富士山的山頂開始挖土施工後，他們馬上就挖到了永久凍土。所謂的永久凍土，指的是土中水分常年保持凍結狀態的土壤。永久凍土非常堅硬，即使用削岩機也完全挖不動。因此施工隊決定改用鑿子和錘子，以人力一點一點地挖。

同時，富士山頂的空氣含氧量只有平地的三分之二，因此在工程現場工作的工人們大多因為氧氣不足而飽受嚴重頭痛和噁心等高山症症狀所苦。由於氧氣不足會導致思考變遲緩，所以就連簡單的計算也很容易不小心算錯。

在工地現場共需要四十名作業員。但很多工人表示「無法繼續在這種地方工作」，只做了兩三天便下山了，而從山下替補上來的工人也同樣做沒幾天就下山。

確實，富士山頂的環境對於土木工程來說太過嚴酷，而山下隨便都能找到其

他更輕鬆的工作機會。但要是再有更多工人們下山，富士山雷達的建設工作毫無疑問會失敗收場。於是，伊藤先生決定採取攻「心」之計。他一一找來所有工人，這麼告訴他們：

「難得在人世間走一遭，相信你一定也希望這一生至少留下一件可以在子孫面前誇耀的成就吧。只要蓋好富士山雷達，不論在東海道線的列車上還是在飛機上，都能看見這座雷達站。到時你就能抬頭挺胸地告訴孩子『你看，那個可是爸爸蓋起來的喔』。我們現在做的，就是這麼偉大的工作。」

或許是伊藤先生的說服起了效果，後來選擇下山的工人明顯地減少。

然而在開工第一年的一九六三（昭和三十八）年，由於施工團隊遇到了很多困難，最終在施工進度大幅落後預定計畫的情況下結束了這個夏天。

伊藤先生在二〇〇四（平成十六）年出版的《富士山測候所的變遷》（暫譯，春風社出版）一書的訪談中，回顧了當年的情況，如此說道：

「我在檢討（工程）進度為什麼落後這麼多，隔年又能補上多少進度時，赫然意識到我們在施工時不該跟大自然作對，而應把大自然變成我們的助力。有很多東西在下面的世界行得通，但在海拔三千七百公尺的世界行不通。

進一步退三步。我們必須謙虛地接受事實，將此視為寶貴的經驗，一步一步地邁進。無論遇到何種難題都不放棄，運用智慧解決。這是一場跟自我的戰鬥，大家都全力以赴。但是，光是這樣還不夠；在那片大自然中，重要的是絕對不放棄，一旦放棄就結束了。昭和三十八年的夏天，我以切身之痛深刻領悟到這件事。」

（《富士山測候所的變遷》第一一八頁）

或許是這份「絕對不放棄」的意志感動了上天，隔年夏天，富士山幾乎每天都是萬里無雲的日子。伊藤先生表示「這是大自然告訴我要『現在去做』」。同時在經歷前一年的嘗試與摸索後，團隊也抓到了究竟該怎麼施工的訣竅。

現場的工人們快馬加鞭地推進工程，總算成功補回了前一年落後的進度。

與此同時，負責開發雷達本體的三菱電機的工程師們，正絞盡腦汁解決「如

何讓雷達設備耐得住富士山頂的強風」這項難題。安裝在那裡的設備，必須能夠承受瞬間風速達一百公尺的強風吹襲。

工程師們計劃用鳥籠狀的圓頂罩住雷達天線來保護雷達。他們採用鋁合金製造圓頂的骨架，並在骨架中嵌入混有玻璃纖維的強化塑膠板，做出了雷達圓頂。這項設計運用了當時的最新技術。就這樣，工程師們做出了「連風速一百公尺的強風都能承受的雷達」。

雷達圓頂的骨架重達六百二十公斤。這個重量不可能用推土機運上山頂。因此工程團隊決定使用直升機。

一九六四（昭和三十九）年八月十五日，這天的天氣從上午就一片晴朗。根據天氣圖，分析師預測富士山頂之後將轉為連續數天的惡劣天氣，因此要上山的話只能趁著這一天。

當天負責駕駛直升機的，是擁有頂尖飛行技術的資深飛行員神田真三先生。其實要運送六百二十公斤的資材，連對直升機來說也是不可能的任務。因為當時直升機的運載上限只有四百五十公斤。

因此，為了將不可能化為可能，他們決定先拆除直升機的副駕駛座和直升機的機門等零件，盡可能減少機身的重量。然後再利用早晨時段的微弱西風和上升氣流托起機身，直接一口氣將雷達圓頂的骨架安裝到預先設置在山頂的圓頂底座上。

換言之，飛行員必須一邊判讀現場的細微風向變化，一邊分毫不差地將骨架運送到目標地點上方，再切斷繩索放下圓頂，需要非常高超的駕駛技術。

而神田先生最終漂亮地完成了這項高難度的任務。在這一瞬間，以伊藤庄助先生為首的眾多工程人員的辛勞總算開花結果。

富士山雷達落成後，颱風的犧牲者大幅減少

氣象雷達會發射一種名為微波的電波，利用微波會被大氣中的雨滴或雪片反彈的現象，得知大氣中的水分分布情況。雷達接收器的螢幕上，會顯示出雨雲的位

置、高度、強度等資訊。

藉著觀測這些雷達影像，分析師就能預測雨雲是會逐漸增強還是減弱，又會朝哪個方向移動。自一九五〇年代起，日本也開始在氣象台和測候所裝設氣象雷達。對於提升氣象預報能力，氣象雷達可說是一項劃時代的技術。

其中，安裝在富士山測候所的氣象雷達，又跟過去設置在其他地方的氣象雷達有很大的不同。

富士山雷達使用的電波波長一〇・四公分，功率為一千五百瓩。這是當時全球功率最大的電波。

而且富士山雷達還設置在日本第一高山富士山的山頂，因此周圍沒有其他山峰阻隔，電波可以傳到非常遠的地方。其觀測範圍可達半徑八百公里。

多虧富士山雷達，日本氣象廳得以精準掌握在遙遠南方海洋上生成的颱風，知道其發展程度，又會以何種路徑靠近日本。如此一來，就能提前將正確的颱風資訊告訴民眾。

在富士山雷達落成後，日本出現了一個巨大的改變，那就是颱風造成的死傷人數。

富士山雷達建成前，伊勢灣颱風（一九五九年）造成了超過五千人的死亡和失蹤。另一方面，自富士山雷達完成後的一九六四（昭和三十九）年起，一直到富士山雷達退役的一九九九（平成十一）年為止，沒有任何一個颱風在日本造成的死亡和失蹤人數超過一百人。

當然，多數民眾大概從來沒有意識到是「因為有富士山雷達的存在，自己才能免於颱風的災害」吧。

然而，設置在富士山測候所的富士山雷達，確確實實扮演了保護日本不受颱風侵襲的「堡壘」一角。

3 重要卻也無比辛苦，富士山測候所職員的工作和生活

雷達蓋好後，職員們的工作內容也發生變化

富士山雷達蓋好後，在富士山測候所的職員們的工作內容也出現了變化。

因為富士山雷達可以從東京的氣象台遠距離操作，同時氣象觀測也變成自動化，可以自動將觀測資料傳送到東京的氣象台。因此富士山測候所員工們的工作，也從觀測富士山頂的氣象，變成管理和維護氣象雷達與氣象觀測器材、通訊器材。

氣象雷達早期常常發生故障，維修保養相當麻煩。每當雷達發生故障，職員

們就必須不眠不休地搶修。

同時在測候所的房間中，還擺放了大量氣象雷達的周邊機器。但一九三六（昭和十一）年建成的測候所並沒有考慮到將來會安裝氣象雷達，所以使用起來並不方便，職員們紛紛提出「希望能重建測候所」的意見。

於是在一九七〇（昭和四十五）年，測候所開始建造新廳舍。但就跟建造富士山雷達時一樣，能施工的期間只有夏天的三個月，因此整個工期被定為四年。

負責這項工程的，依然是大成建設的伊藤庄助先生。對於該如何在一年之中會有好幾天吹起颱風級強風的自然環境下，建造出堅固的建築物，伊藤先生可說是傷透了腦筋。

然後有一天，伊藤先生在搭乘新幹線時，看到另一輛新幹線跟自己搭乘的班車擦身而過，突然間靈光一閃：「對了，只要把建築設計成類似新幹線的形狀，就能承受住風壓了啊」。於是伊藤先生參考了新幹線的結構，將新廳舍設計成蒲鉾（魚板）的形狀。

一九七三（昭和四十八）年秋天，一號到四號的四座新廳舍落成了。新廳舍裝有完善的暖氣系統，同時為了保護隱私，還隔出了跟職員人數相同的個人房間。

此前的舊廳舍沒有暖氣，職員們在寒冷的夜晚常常冷到睡不著，必須用熱水袋溫暖身體後才能入睡，而且有時早上起床，棉被上還會結上一層白白的霜。而新廳舍的環境跟以前大不相同。

但有了新廳舍，並不代表山頂上的生活就變得跟山下一樣舒適。當時在富士山測候所工作的志崎大策先生曾在某篇雜誌投稿的文章中說道：

「每次有人問我新廳舍住起來舒不舒服，我就會感到心頭一緊。畢竟富士山頂的氣壓只有平地的三分之二，長期在山上和山下輪流居住，而且每次都停留二十天左右，導致我光是坐著就很辛苦，更別說是工作了。雖然後來身體慢慢適應了高地環境，但住起來還是稱不上舒適。」（《建築月報》一九八二年十一月號）

在富士山頂的生活，雖然比起以前改善了很多，但依舊非常辛苦。

除此之外，職員們上山的方法也變得跟以前不一樣。

首先在富士山雷達的建設期間，工程團隊開了一條能讓推土機開上山頂的道路，因此在沒有雪的季節，職員們也能利用這條路上山。每次上山交接時，職員們會先在富士山中腹的太郎坊（標高一三〇〇公尺）住一晚。然後再從這裡搭推土機的便車，大約四個小時即可到達山頂。

後來一九六八（昭和四十三）年又引進了壓雪車。所謂的壓雪車，是一種把輪胎換成了履帶的車，即使在一般車輛完全無法開動的雪地也能行駛。在冬季，職員們會搭乘壓雪車，大約用一個半小時的時間從太郎坊來到五合目附近，再花七個小時左右徒步登上山頂。

然而富士山的自然環境並非總是相同不變。依照積雪的狀態，有時壓雪車無法開到五合目，此時就只能從壓雪車可到達的最高點開始徒步登頂。

而且開始下車徒步後，如果天候變得惡劣，有時必須考慮放棄在當天登頂。

當遇到這種情況時有兩種選項：第一個選項是前往位於七合八勺（標高三二八〇公尺）的避難小屋，在那裡等到隔天早上。另一個選項是在連前往避難小屋都很危險時，直接掉頭下山。至於該採取哪個選項，則全權交給隊長判斷。

引進推土機和壓雪車後，登山的過程確實比以前輕鬆多了，登頂的時間也大幅縮短。

然而即便有所縮短，在冬天的時候，仍必須在嚴寒和強風中徒步走上七個小時。這些職員們都不是登山家，他們爬富士山不是出於「興趣」，而是為了「通勤」，很多人以前也從未爬過富士山以外的高山。

即便找遍全日本，恐怕也找不到其他通勤過程這麼艱辛的職業吧。因此在富士山測候所工作的員工，被人們稱為「全日本最危險的公務員」。

在山頂生活
最重要的是團隊合作

佐藤政博先生從一九七六（昭和五十一）年開始的十一年間，一直在富士山測候所任職。之後雖然有一段時間調職到氣象廳的其他單位，但在一九九七（平成九）年時又再次回到富士山測候所，當了三年的所長。

剛開始在富士山測候所工作時，佐藤先生是三十六歲。在此之前他任職於札幌的氣象台，後來因緣際會來到富士山雷達觀摩，才漸漸產生「我也想在氣象觀測的最前線工作看看。既然如此，那富士山就是最好的選擇」的想法。於是他主動提出希望調職到富士山測候所，並順利獲得許可。

在佐藤先生的那個時代，富士山測候所的職員是每二十四天交接一次。每人每年大約會在測候所輪值四次，所以一年有近一百天的時間要待在富士山頂上。

職員們沒有在測候所輪值的期間，會被分派到東京的氣象台或御殿場基地事務所任職。在東京的氣象台，職員的工作主要是從東京遠端操作富士山雷達，觀測和收集氣象資料。另一方面，在位於富士山山腳的御殿場基地事務所，主要的工作則是保養推土機和壓雪車，以及協助處理測候所遇到的問題等。

而佐藤先生是在東京氣象台那邊任職。在測候所值班的期間，想當然是不可能回家；而在氣象台值班的時候，又常常被排到夜間的勤務，因此佐藤先生一年只有一半的時間能在自己家過夜。

「那幾年剛好是我的孩子成長過程中最重要的時期，而我卻沒辦法撥出時間陪伴家人……覺得很對不起他們。」

佐藤先生如此回顧道。

在測候所值班的成員，包含班長、雷達員、氣象觀測員、通訊員、炊事員，為一班五人的體制。佐藤先生在此之前主要負責通訊相關的工作，因此調職到富士山測候所後也是從通訊員做起。後來轉任過氣象觀測員，也當過班長。

順帶一提，這裡所說的通訊，主要是指用無線通訊設備收發氣象資訊。位於日本最高點上的富士山測候所，也同時扮演著中繼站的角色，連接各地的氣象台和測候所。

職員們平時除了要負責自己分內的工作外，當發生機器故障等問題時，還必須同心協力排除問題。

而在日常生活方面，也同樣有很多情況需要同心協力。在富士山測候所中，洗澡、煮飯、飲水等用水，都必須自己想辦法管理和取得。為了確保水源充足，職員們會將凝結在觀測塔上的冰，以及堆積在建築物周圍的雪全部收集起來，丟進設置在三號廳舍地下一層的儲水槽中。然後再用加熱器融化冰雪，過濾掉垃圾和雜質，將冰雪淨化成乾淨的用水。而這些工作也全都是由全員合作完成。

這五個人只能憑藉自己的力量，在富士山嚴酷的自然環境中生活，所以最重要的就是團隊合作。

「一個班中既有剛進入氣象廳工作，年紀不到二十五歲的年輕人，也有已經

正在清除觀測塔冰雪的職員們（提供：佐藤政博先生）

五十歲的資深職員。但如果仗著自己比較年長就對其他人頤指氣使，把工作都推給年輕人，就無法取得夥伴們的信賴。我也是通過在富士山測候所的生活，才磨練出人與人合作的精神。」

佐藤先生這麼說道。

氣象廳有時會派職員參加由國家成立的南極觀測隊。當時在富士山測候所工作過的職員中，有不少人都自願到南極工作。根據佐藤先生的說法，實際能被選上的人，大多都是合作能力強的人。因為南極也跟富士山測候所一樣，必須許多人長時間生活在一起，所以很重視合作精神。

順帶一提，佐藤先生問過很多參加過南極觀測隊的同事，據說很多人都表示「跟南極比起來，反而是富士山頂的工作更辛苦」。這是因為南極的氣溫雖然更寒冷，但富士山頂的氣壓更低、空氣更稀薄。從這個故事便可知道，在富士山測候所工作究竟有多麼不容易。

失去重要夥伴的經歷

佐藤先生在富士山頂經歷過很多事。

在佐藤先生剛調職到富士山測候所的一九七〇年代，東京的空氣汙染很嚴重，飽受光化學煙霧的困擾。工廠和汽車排放的氮氧化物和揮發性有機化合物，在碰到太陽光中的紫外線後會發生化學反應，變成光化學氧化物。而當空氣中的光化學氧化物濃度太高時，就會形成光化學煙霧。在光化學煙霧中，人類可能會出現呼

吸困難、頭痛、噁心感、意識障礙等症狀。因此當政府發布光化學煙霧警報時，學校便會停止戶外課程和活動，讓師生到校舍內避難。

當光化學煙霧產生時，空氣會變得混濁。因此從富士山頂往東京的方向看，會看到東京明顯被包在一片灰色的霧霾中。

站在富士山頂，就能一目瞭然地看到遠方和地面的情況。

一九八五（昭和六十）年八月十二日的傍晚六點，一架隸屬日本航空，從羽田機場飛往大阪的班機在中途失去控制，在富士山附近從雷達上消失。

當時佐藤先生正好在富士山測候所值班，並接到了從羽田機場打來的電話。聽到電話的另一頭詢問「有一架飛機在富士山附近失蹤了，你們有沒有看到」，佐藤先生立刻抓起望遠鏡和相機衝到外頭，卻沒能找到對方說的飛機。

最終，該日航班機於隔天早上被人發現墜落在群馬縣的山中。此事故一共造成五百二十人死亡，僅有四人生還，是日本航空史上最嚴重的事故。

「假如當時我有即時看到那架飛機的話，或許就能更快發現墜落地點了。」

每每想到這裡，佐藤先生的心中想必總是充滿懊悔之情。

此外，佐藤先生也有過失去重要工作夥伴的悲傷經歷。

一九八〇（昭和五十五）年四月，富士山測候所出現了歷史上第四位殉職者。過世的是一位名叫福田和彥的年輕人，年僅二十六歲。

佐藤先生曾數度跟福田先生一起在測候所值班，對方還提起過自己去南極的夢想。福田先生當時還有一位未婚妻，預定在這輪值班結束下山後就舉行婚禮。

那天，佐藤先生正在東京的氣象台負責雷達觀測工作。然後工作到一半，便突然從測候所收到消息，說福田先生在執行勤務時失足跌落到富士山的火山口中。不久後又從御殿場基地事務所收到福田先生不幸去世的通知。

隔天，佐藤先生跟其他同事們一起趕往御殿場，準備一起爬上山頂，將福田先生的遺體抬下山。然而中途天氣突然轉惡，連續好幾天都無法上山。等到天氣終於好轉後，佐藤先生等人一同向富士山祈禱：「富士山啊，今天我們必須去迎接重要的夥伴，還請您靜靜守護我們」，然後便朝著山頂前進，將福田先生搬到富士山

中腹的太郎坊。當時福田先生的家人和未婚妻都已經在太郎坊等待福田先生歸來。

接著兩個月後的六月，佐藤先生也在山頂執勤時摔斷了腿，身受重傷。當時他走在因寒冷而結凍的岩盤上的碎石路上，不小心滑倒。下山後，佐藤先生立刻被送往醫院。傷勢花了約一年的時間才完全痊癒，期間都無法到山頂執勤。

佐藤先生跌斷腿的那片岩盤一帶，後來被他的同事們稱為「佐藤岩」。因為只要取了名字，大家往後經過時便會特別留意，想到「佐藤先生曾在這附近摔斷腿，必須小心一點」。

富士山頂的雷達拆除，職員們也從此下山

進入一九九〇年代後，時代變遷的浪潮也拍向了富士山頂。

在此時期，默默支撐著富士山測候所，以強力為業的從業者人數日漸減少。

在過去，他們除了幫忙測候所職員將行李搬上測候所外，也負責幫登山客將行李搬

運至山小屋，但後來可以用推土機將行李運上山後，他們的生意便逐漸減少。最後一名被稱為強力，從事此工作超過二十年的並木宗二郎先生，終於在一九九四（平成六）年選擇退休。

富士山測候所在夏季時也可以用推土機運送行李。但在十一月至四月的這段期間，由於下雪的關係，推土機無法上山。因此在並木先生退休後，測候所還是必須依賴強力的幫忙。於是，在那之後測候所改為委託喜馬拉雅山等外國經驗豐富的登山業者來替補強力的工作。

另一方面，富士山雷達也逐漸不再是保護日本不受颱風侵襲的主角。

一九七七（昭和五十二）年，氣象廳和宇宙開發事業團（現在的宇宙航空研究開發機構）共同開發的氣象衛星「向日葵號」發射升空，並從隔年開始運行。「向日葵號」位於赤道上空約三萬六千公里的高空，以跟地球自轉相同的速度繞行地球，可以二十四小時持續監測從亞洲到大洋洲、西太平洋的固定區域。因此，「向日葵號」可以比富士山雷達更快掌握颱風的生成和後續動向。

此外，如今的技術即使不仰賴富士山雷達，只要將設置在日本全國二十處的雷達圖像組合起來，也能得知全國雨雲的狀態。

富士山雷達在一九六四（昭和三十九）年完工後，又於一九七八（昭和五十三）年更換了第二代雷達。然而進入一九九〇年代後，第二代雷達也逐漸老朽，臨近壽命的極限。

於是日本氣象廳在討論過後，決定廢除富士山雷達站。因為氣象廳認為比起更新富士山雷達，在長野縣的茅野市和諏訪市交界的車山，和靜岡縣的牧之原設置新的氣象雷達，不僅施工成本便宜一半，這兩座雷達也完全足以替代富士山雷達的功用。

一九九九（平成十一）年十一月一日，富士山雷達結束了它的任務。當時富士山測候所的所長，正是佐藤政博先生。對於這件事，佐藤先生如此表示：

「當然是感到很寂寞啊。但這是日本氣象技術進步的結果，所以我認為必須用樂觀的態度來看待。」

富士山雷達巨蛋館（富士吉田市）

曾全年監視著八百公里外的遠方，從颱風魔爪下保護日本的富士山雷達，現已從富士山頂拆除，轉移到位於山梨縣富士吉田市一間名為富士山雷達巨蛋館的博物館中展示。這間博物館同時還展示了當時測候所中使用的機器，可以學習到氣象觀測的發展史。

之後，在二〇〇四（平成十六）年十月一日，最後一位職員也下了山，富士山測候所從此成為無人設施。因為氣象廳判斷即使不用職員留守在測候所內，山頂的自動觀測機器也足以完成觀測工作。

這一天，富士山頂的有人觀測歷史

正式劃下句點。此時距離一九三二（昭和七）年開設臨時富士山頂觀測所已經過了七十二年，而距離野中至、千代子夫婦嘗試在冬天的富士山頂觀測氣象，則過了一百零九年的時光。

4 保護富士山測候所！挺身而出的科學家們

富士山測候所能實現「唯有此處才做得到的研究」

時間推回二〇〇三（平成十五）年十月的某個寒冷日子，大約是富士山測候所無人化的一年前。這天，時任江戶川大學教授的土器屋由紀子，收到一通來自氣象廳轄下研究機構，氣象研究所所長打來的電話。這通電話的內容是「關於富士山測候所內的觀測器材，有件事想跟您討論。方便當面聊一聊嗎？」

土器屋教授的直覺告訴她「肯定不是什麼好消息」。當時土器屋教授也已經聽

說富士山測候所即將改為無人設施的事情，因此她推測對方要聊的「肯定跟這件事有關」。

土器屋教授是專門研究空氣和雨滴中化學物質的大氣化學研究者。在到江戶川大學任教前，她曾在氣象大學校（專門培養氣象廳領導人才的學校）和東京農工大學工作過。在氣象大學校時代的一九九〇（平成二）年，土器屋教授曾借用富士山測候所建築物的一部分，開始跟學生們在富士山頂採集雨水。同時也開始測量氣溶膠（飄逸在大氣中，肉眼看不見的微小固體或液體）與氧化物。後來先後轉任到東京農工大學和江戶川大學後，在富士山測候所上的觀測也依舊沒有中斷。

結果她的不祥預感果然成真了。不久後，在跟氣象研究所所長的會面中，對方這麼告訴她：

「如您所知，明年富士山測候所就要無人化了。轉為無人設施後，建築內的供電都會停止。沒有電的話，教授您放在測候所內的觀測機器也將無法運作，因此想請您盡快把那些機器從測候所搬回去。」

土器屋由紀子教授

對於科學家而言，沒有任何事情比自己的研究被迫中斷更令人沮喪。尤其土器屋教授的研究很有長期研究的價值。因為對於大氣中的氣溶膠和氧化物如何變化，這些變化究竟是讓大氣變得比以前更乾淨？還是變得更骯髒？唯有在同一地點長年觀測才能知道答案。

富士山測候所不能繼續用於研究，因此受到打擊的人並不只有土器屋教授。在教授於富士山頂展開觀測後不久，其他又有好幾位科學家也把機器搬入富士山測候所，

觀測臭氧和二氧化硫等大氣中的物質。

對大氣化學家來說，富士山頂是一個很有吸引力的研究場所。地球的大氣層從上到下分成增溫層、中氣層、平流層、對流層四層。其中對流層又分成自由大氣層和行星邊界層，而絕大多數的人類都居住在最底下的行星邊界層中。

在行星邊界層，存在著各種各樣的人類活動。比如汽車行駛時會排放廢氣，工廠的煙囪也會排出混雜著各種不同物質的廢煙。此外還會受到地面的熱量與摩擦、地形的影響，導致大氣的運動方式非常複雜。

因此，假如有一個科學家想採集行星邊界層的空氣，研究「地球整體的大氣汙染程度」，當他在人類活動密集的都市和人口稀少的鄉下地區採集，就會得到截然不同的結果。科學家雖然可以掌握各個地區的空氣汙染情形，卻無法由此得知地球整體的汙染情況。

另一方面，富士山的山頂位於自由大氣層，自由大氣層的空氣基本上不直接受到人類活動的影響。然而，當大型的低氣壓或強烈的上升氣流發生時，地表的空氣會被捲升至高空，部分原本沉積在行星邊界層的大氣汙染物質也可能被帶入自由大氣層。

自由大氣層常年存在著穩定方向的強風。在緯度三十五度到六十五度的區域（日本也在這個區域中），存在著由西向東的風帶，稱為西風帶。西風帶的風會以固定週期環繞地球。而被捲到自由大氣層中的一部分大氣汙染物質，也會乘著此風環遊地球。

因此只要採集自由大氣層的空氣，調查樣本中含有多少汙染物質，就能得知地球整體的大氣汙染狀況。這些汙染物質可以跨越國境傳播，因此又稱為「跨境空氣汙染物」。而在伸入自由大氣層的富士山山頂上，就可以測量到這些跨境空氣汙染物。

在自由大氣層內的高海拔地點，可以直接觀測到地球整體的大氣狀態，因此全球一共設置了近三十所位於海拔兩千五百公尺高山上的大氣觀測設施。其中最有

大氣層與自由大氣層

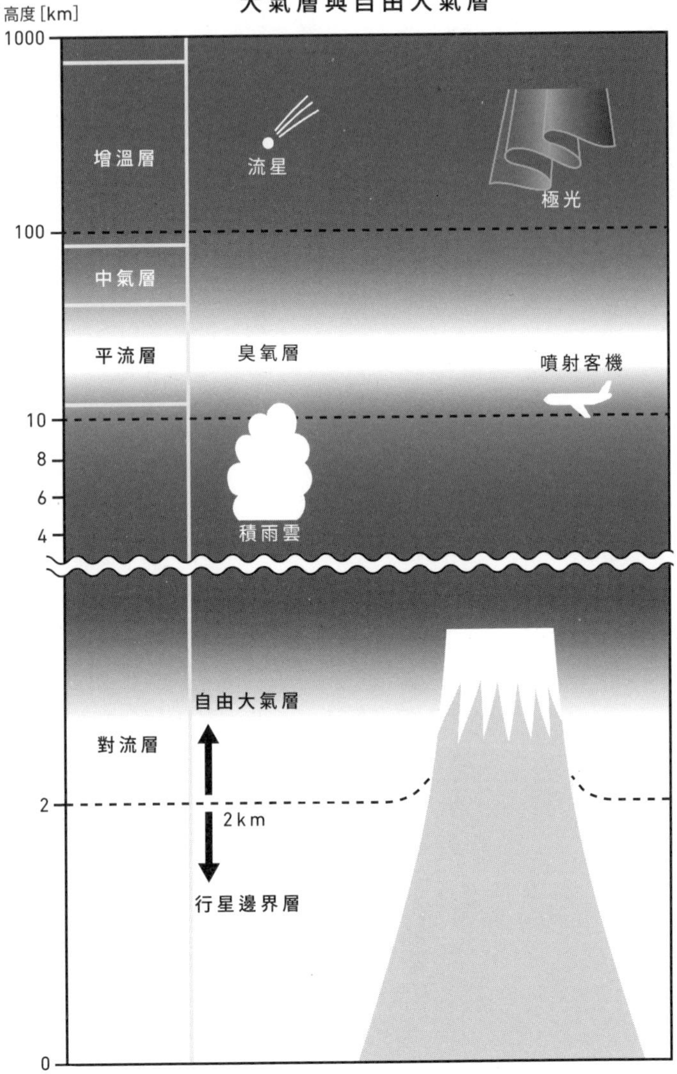
高度[km]
1000
100
10
8
6
4
2
0
增溫層
流星
極光
中氣層
平流層
臭氧層
噴射客機
積雨雲
自由大氣層
對流層
2km
行星邊界層

名的幾個包含位於夏威夷毛納羅亞山上的毛納羅亞觀測所（三三九七公尺），以及瑞士的少女峰大氣觀測所（三四五〇公尺）等。

而即便跟其他國家的觀測所相比，富士山頂也擁有非常出色的環境條件。

雖然世界上有很多山峰都位於自由大氣層的高度，但其實位於行星邊界層的大氣汙染物，也會從山腳順著山的表面一路從中腹擴散到山頂上。因此自由大氣層中除了一般跨境空氣汙染物外，還會混雜著從行星邊界層上來的汙染物質，在計算正確的數值時必須特別留意。

然而跟其他高山相比，由於富士山的山形勻稱平滑，山頂又成尖形，使得行星邊界層的大氣汙染物不容易從山腳或中腹上升到山頂。因此更容易精確測量到跨境空氣汙染物的狀況。

同時，富士山所在的日本列島又正好位於亞洲大陸的最東側。當時亞洲以中國為首的國家正值經濟高速起飛的時期，工廠和汽車等開始排放大量廢氣，空氣汙染問題日益嚴重。中國等國家排放的大氣汙染物上升到自由大氣層後，很容易飄到緯度相近又位於下風位置的富士山頂，因此只要在富士山頂觀測，就能了解中國等

國家的經濟活動對地球整體大氣汙染的影響。

出於以上原因，富士山在地理上位於絕佳的位置。

富士山測候所在一九九九（平成十一）年拆除富士山雷達之後，原本的雷達準備室在測候所所長的好意安排下，改裝成可以擺放各種大氣觀測機器的大氣化學觀測室，提供給民間使用，讓大氣化學家們得到了易於觀測和做研究的環境。

其實夏威夷的毛納羅亞觀測所曾經也是氣象測候所，後來才改成大氣觀測所。所以日本的大氣化學圈子也早就在夢想「或許未來有一天富士山觀測所也會跟毛納羅亞觀測所一樣，變成大氣觀測的基地」。

但在收到氣象廳「由於富士山測候所將進行無人化，請盡快將您的觀測機器搬回去」的通知後，這個夢想也彷彿瞬間破滅。

即便如此，科學家們並未就此放棄

不過，大氣化學家們沒有就此放棄。

因為多虧過去幾年持續在山頂的觀測，當時正是他們的研究即將開花結果的時期。

並且全球暖化和空氣汙染也在此時開始變成社會問題，維持在富士山頂的大氣觀測，變得比以往更加重要。比如科學界認為全球暖化的原因是大氣中的二氧化碳、甲烷、氯氟烴等溫室氣體增加，若無法掌握當前大氣中溫室氣體的濃度等基礎資料的精確數值，就不可能預測未來全球暖化的發展。而即便放眼全球，富士山的條件也非常適合收集這些基本數據。如果失去這麼寶貴的觀測地點，將是非常巨大的損失。

為了確保富士山測候所能繼續使用，大氣化學家們做的第一件事，是聯繫其他不是大氣化學領域，卻同樣在富士山頂做研究的科學家。

對其他領域的科學家來說，同樣也有著「在富士山頂才可能做得到的研究」。

比如很多人在攀登高山時會出現頭痛、噁心、眩暈等高山症。高山症主要發生在海拔兩千五百公尺以上的山區，而來到三千五百公尺以上的「超高海拔」後，更需防範高山症的發生。日本唯一一座高度超過三千五百公尺的山就是富士山。因此，對於研究高山症的高海拔醫學家們來說，富士山是研究人體在超高海拔會出現哪些生理反應，以及如何減少高山症風險的寶貴場所。

還有，如同前述，土中水分處於凍結狀態超過兩年的土壤被稱為永久凍土，而日本只有富士山和北海道的大雪山等少數幾個地方存在永久凍土。所以對研究永久凍土的科學家來說，富士山也是珍貴之地。

如果富士山測候所能開放上述各種領域的科學家們繼續使用，相信將有助於各領域的研究開花結果。

因此土器屋教授等人號召了天文學、高海拔醫學、植物生態學等各個領域的科學家，一起成立了「富士山高海拔科學研究會」組織，該研究會的成員共有五十人左右。

而他們的下一步，則是遊說日本的環境省和文部科學省等政府機關。他們認為，如果是負責環境問題的環境省，以及任務內容包含支援日本科學技術發展的文部科學省，或許可以理解讓科學家們在富士山測候所做研究的意義。研究會的成員們希望環境省或文部科學省能編列預算，從氣象廳接手富士山測候所的營運，提供富士山測候所給科學家們做研究。

然而在拜會環境省和文部科學省的各個部會後，官員們雖然表示「你們的立意很了不起」，卻沒能讓他們點頭承諾「那就由我們的部會接管測候所吧」。

土器屋教授在這時深刻感受到了「省廳之壁」的存在。由於日本的政府機關幾乎沒有跨省廳的聯繫管道，因此她意識到「由另一個省廳接管原本屬於其他省廳的設施，這件事以前從來沒有發生過，未來八成也不會有人想做」。

然而，即使如此他們還是沒有放棄。科學家們下定決心，既然環境省和文部科學省都靠不住，那就只能由他們自己直接跟氣象廳簽約借用測候所，並且自己負責營運。

科學家們為了向政府證明自己有能力建立測候所的管理和營運體制，決定將研究會改組為NPO法人。所謂的NPO法人，指的是以專門從事社會服務，不以營利為目的之組織，只要滿足法定的成立條件，且通過中央或地方政府的審查，就可以正式被承認為法人。二〇〇六（平成十八）年，審查順利通過，研究會改以「NPO法人富士山測候所活用會」（以下簡稱「NPO法人富士山」）的名義展開活動。

與此同時，成員們也開始向國會議員遊說讓科學家使用富士山測候所的意義。而他們的行動成功取得了回報。

在此之前，屬於國家的設施（富士山測候所也屬於國家設施）依法不能租借給民間團體，但在二〇〇六（平成十八）年國會提出了國有財產相關法律的修正案並表決通過，在法律上允許將國有設施租借給民間團體。

同時氣象廳也重新檢討今後該如何活用富士山測候所無人化後空出來的空間。科學家們也出席了檢討委員會，向氣象廳解釋他們過去利用富士山測候所做了哪些活動，並向委員們表達今後希望繼續使用測候所的訴求。

最終，氣象廳決定將富士山測候所出借給民間。一度被堵死的道路，就這樣重新打開了。

NPO面對的幾個難題

二〇〇七（平成十九）年五月，氣象廳對外募集了希望借用富士山測候所設施的團體。結果除了「NPO法人富士山」外，原本還有一間企業參與徵募，但因為那間企業後來放棄，因此最終決定租借給「NPO法人富士山」。於是，科學家們在當年夏天就馬上使用富士山測候所，在富士山頂展開觀測。

「一方面雖然開心，但另一方面也對今後必須好好經營這個NPO產生強烈的責任感。或許責任感的部分要更大一些吧。」對於當年的經過，土器屋教授如此回憶道。

雖然富士山頂能實現「唯有此處才做得到的研究」，但同時也充滿了危險。氣象廳的職員在富士山測候所工作的期間，就有四人殉職。所以絕對不能讓科學家在富士山頂研究時發生意外。

另一方面，氣象廳在出借富士山測候所的同時，也開出了非常嚴苛的使用條件。首先為了安全起見，科學家們只能在夏季的兩個月間留在山頂上。

此外，也禁止用於研究或教育活動之外的目的。比如氣象廳雖然允許報社或電視台的人到測候所取材，但不允許他們住在測候所。畢竟這也是氣象廳第一次將設施借給民間使用，為了避免發生糾紛，因此十分神經質。

同時，氣象廳原本曾表示「不能出借輸電線」。但沒有電線的話就無法用電，觀測機器也動不了。

富士山測候所的電是從富士山腳拉電線輸送上來，因此ＮＰＯ在承諾「當輸電線發生故障時，由ＮＰＯ承擔修理費用」後，氣象廳才點頭同意出借輸電線。

營運測候所的開銷，除了輸電線的修理費外，還有付給氣象廳的租金、老舊測候所建築的修繕費、用推土機將觀測器材等運上山頂的搬運費、垃圾和糞尿的處理費等，需要花費非常多錢，一年的開銷可達數千萬日圓。

因此如何找到這筆錢也成了一大挑戰。日本民間存在一些團體，專門資助從事高社會性活動或科學研究的組織與個人。因此ＮＰＯ決定報名這些團體的獎勵計畫，用這些補助金當成活動資金的主要來源。同時，一般民眾的捐款也是活動資金的來源之一。此外，從這個時期開始，他們也對使用富士山測候所的科學家收取使用費。

不過直到今天，他們仍然必須付出很多心力來籌措活動資金。

然而比起其他問題，他們最大的挑戰還是如何確保科學家和學生們在富士山頂上的安全。

於是土器屋教授決定請求某位人物的協助。此人便是日本喜馬拉雅山協會的登山專家岩崎洋先生。

岩崎先生從年輕時就攀登過包含喜馬拉雅山在內的眾多世界高山，對於高海拔環境擁有豐富的經驗和知識。

而且岩崎先生也跟富士山測候所有些因緣。自一九九五（平成七）年起，他便以臨時職員的身分於冬季期間在測候所工作，負責的職務是炊事。大約從那時候開始，測候所便不再由正式員工負責炊事，改聘臨時員工幫忙。

岩崎先生在測候所中除了煮飯做菜外，還運用他在山上累積的豐富經驗和知識，照顧著山頂勤務人員們的健康。

在氣壓很低、氧氣稀薄的富士山頂，感冒之類的身體不適有可能會演變成嚴重症狀，甚至導致昏迷。

所以當有職員氣色不佳，看起來不舒服時，就要使用一種叫血氧儀的醫療器材測量血氧飽和度（血液中的氧氣濃度），在必要時讓職員吸入氧氣。同時，如果判斷繼續待在山頂會有危險的話，就必須靠大家協力將身體不適的職員送下山。

岩崎先生在富士山測候所累積了很多這類經驗，所以找岩崎先生幫忙的話，當科學家的健康狀況在山頂上出現問題時，就能得到正確的判斷和處理。

此外，科學家們雖然對研究充滿熱情，卻沒有經營測候所的經驗和知識。

比如怎麼保養負責將行李運到山頂的推土機、怎麼處理測候所人員製造的廢棄物等，都是營運測候所時必須考慮的事情。而在這些細微的營運技巧與知識方面，岩崎先生的建議也非常有幫助。除此之外，ＮＰＯ也從在富士山測候所任職超過十年的佐藤政博先生等人，以及前氣象廳職員那裡學到了很多經驗和知識。

守護著使用者的生命與健康，以及測候所本身的山頂班

「NPO法人富士山」請來岩崎先生後，組建了一支以岩崎先生為核心，由登山專家組成的團隊，名為山頂班。

雖然科學家們只能在七月和八月這兩個月間到富士山測候所進行觀測，但山頂班的工作卻是從五月就開始。

在秋天到冬天的無人期間，建築物原本的龜裂或損傷可能會變嚴重，尤其最常發生的就是屋頂漏雨。所以山頂班會在五月爬上山頂，檢查建築物的外側有無破損。同時也會檢查連接富士山山腳和測候所的輸電線狀況，然後趁著六月擬定當年的修繕計畫。

另外，山頂班還會趁著放晴的日子把棉被拿出來曬，確保設施處於隨時可用

目送使用者下山的岩崎洋先生（左起第二位）

的狀態，以備七月的開張。

而在測候所開放後，山頂班最主要的工作便是管理山頂上的科學家或學生們的健康，這些人多數是登山新手，因此大約每三人就有一人會出現輕微的高山症。如果只是輕微的頭痛或發燒症狀倒還好，但在富士山頂，症狀有時會快速惡化。因此岩崎先生的團隊都會提醒測候所的使用者：「如果覺得不舒服，千萬不要憋著不說，一定要快點告訴我們。就算在半夜把我們叫醒也沒關係」。

山頂班的成員共有十數人，在測候所開放期間，一定隨時有三個人在山頂待命。假如使用者中有人生病或受傷，無法自己下山時，就會由這三人中的其中兩人將使用者抬下山，另一人留在測候所繼續工作。

由於山頂班的成員們肩負守護測候所使用者的生命，同時也負責守護測候所本身的重責大任，因此無論如何都至少需要三個人待命。

據說岩崎先生在挑選山頂班成員時有一個標準，就是有無使用繩索攀岩的經驗，即便對方是攀登過喜馬拉雅山的登山家也不例外。所謂的攀岩，就是使用自己的手腳攀登陡峭的岩石或山壁。

喜馬拉雅山是由包含世界最高峰聖母峰（標高八八四八公尺）在內的一系列超級高山連綿而成的山脈。喜馬拉雅山的自然環境遠比富士山要更加嚴峻，在那裡攀岩，一個失足就有丟掉小命的危險。岩崎先生表示，在那樣的環境中攀岩，可以鍛鍊出某種能力：

「使用繩索攀岩時，通常是一個人先往上爬五十公尺，然後再換另一個人從下面用繩索爬五十公尺。爬的時候是一個人爬，等的時候也是一個人等。所以就算發生了什麼意外，周圍也沒有其他人會告訴你該怎麼辦。全部都必須自己判斷、自己行動。」

換言之，這個經驗可以鍛鍊一個人在任何情況下都能保持冷靜，不依賴他人，自己動腦、自己行動的能力。

岩崎先生認為，這種能力會在山頂班的工作中派上用場。

比如當有使用者的身體狀況惡化需要下山，山頂班三人中的其中兩人將病患抬到山下的這段時間，剩下那個人就必須自己留在山頂保護測候所。

富士山頂的環境很常打雷。假如雷剛好落在連接山腳和測候所的輸電線上或附近，產生極高的電壓和電流，則設置在測候所內的觀測機器就有故障的危險。因此山頂班的成員必須在雷雲接近時關掉來自輸電線的電源，啟動並切換到自用的發電機。

然而發電機的電力不足以供應整個測候所。同時，雖然觀測機器都裝有不斷

電系統，但不斷電系統無法長時間供電，屆時將無法取得觀測資料（缺失數據）。而對在富士山頂進行觀測的科學家來說，無論如何都希望避免缺失數據。

所以，山頂班的成員在打雷時會面對非常棘手的兩難決策。想要避免數據缺失，就要盡可能晚一點關掉輸電線的電源；但若延遲切換電源，這段期間輸電線將有可能遭遇雷擊。

要在這種情境中做出最適當的判斷，首先必須具備充足的知識，知道富士山在何種天氣條件下容易發生雷擊。但光有知識還不夠，在任何時候都不會慌亂，能夠冷靜判斷事物的能力也很重要。而在喜馬拉雅山使用繩索攀岩鍛鍊出的「不依賴任何人，能夠自己思考並付諸行動的能力」便能在此時派上用場。

在背後支撐起「NPO法人富士山」活動的，不只是山頂班而已。NPO中還建立了體制，當測候所中有人身體不適時，可以立即聯繫上具備高海拔醫學知識的醫師。高海拔醫學的醫師會通過電話了解病患的症狀，對測候所內的山頂班成員下達正確的指示。

始於二〇〇七（平成十九）年的富士山測候所民間觀測，至二〇二三（令和五）年已迎來第十七個年頭。二〇二一年時總使用人數已超過六千人，但至今從未發生任何事故。能有這樣的成果，可以說歸功於山頂班成員和高海拔醫學醫師們的支援。

在活動難以維持下去時，出手解救危機的人們

在「NPO法人富士山」決定向氣象廳租借富士山測候所進行觀測活動之初，土器屋教授身邊的人經常勸告她「那樣會很辛苦喔，還是打消念頭吧」。就連土器屋教授自己也曾認為「能不能撐個五年都是未知數」。

然而，NPO的活動至二〇二三（令和五）年已邁入第十七年，期間科學家和學生們在富士山頂的觀測收穫了許多成果。NPO的經營成員也順利完成世代交棒，現在改由年輕一輩的教授們主持NPO的營運。目前擔任事務局長的，是靜

岡縣立大學的鴨川仁教授。在鴨川教授的領導下，NPO的主要工作是籌措研究經費和編排夏季的觀測期程。

除此之外，其中也有許多人在專業科學雜誌發表論文並獲得獎項。

「NPO法人富士山」成員之一的片山葉子教授（東京文化財研究所保存科學研究中心客座研究員）表示：「尤其對學生們而言，在富士山測候所能獲得別處學不到的經驗。」

富士山測候所的使用者約有四成是大學生和碩士生。他們通常由具科學家身分的大學教授帶隊，前來輔助教授的研究，或是為了更深入自己的研究題目而登上富士山頂。

在富士山頂，他們必須在稀薄的空氣中，一邊忍受著頭痛和嘔吐感，一邊進行觀測和實驗。住在山頂上的這段時間，如瀑布般猛烈的豪雨、震耳欲聾的雷聲、或是暴露在幾乎要把人吹飛的強風中都是家常便飯的事。在這樣的環境中完成研究，可以大大提升學生的自信心。

同時在富士山測候所中，也有機會認識在其他大學從事與自己不同研究的科學家或學生們，是拓展自身觀點和視野的絕佳機會。

對於科學家們來說，在富士山頂認識其他領域的科學家也能帶來許多刺激；也有些不同領域的科學家在互相交流後，展開了共同研究。比如就有研究打雷現象的科學家，跟研究大氣化學的科學家合作進行研究，對打雷產生的氮氧化物有了新的發現。

新的發現和發明，常常是從不同領域的人們互相交流的過程中誕生，而富士山測候所或許正是一個可以激發這種交流的場所。

但是「NPO法人富士山」對富士山測候所的經營歷程，絕非自始至今都一帆風順。

他們最大的危機發生在二〇二〇（令和二）年。這一年，新冠病毒的疫情在全球肆虐。期間NPO決定暫時中止富士山頂的觀測活動。因為在富士山測候所

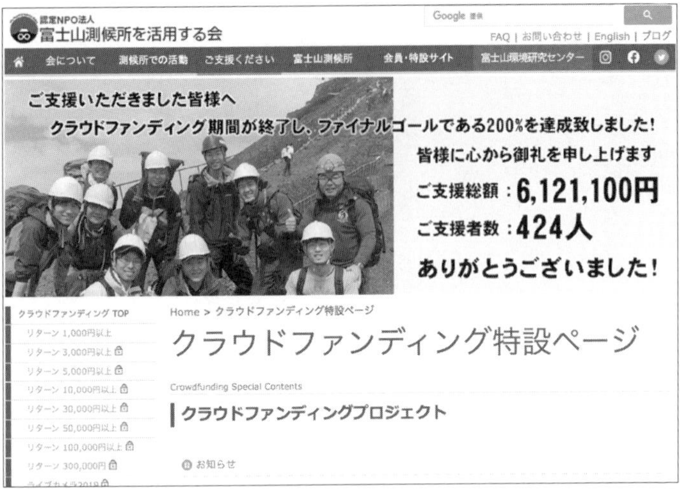

群眾募資專頁

狹窄的廳舍中，使用者們很難避免三密（密閉、密集、密切接觸）的情況。一旦出現感染者，疫情很可能就瞬間擴散，而且在富士山頂上，患者也不可能馬上送去醫院。

問題是活動中止後，來自使用費的金流便因此斷絕。而收入斷絕後，就沒有經費養護設施，連維持下一年的活動都有困難。

為了度過這個危機，NPO的人員絞盡了腦汁，最後想出的辦法，便是利用網路進行群眾募資，向社會大眾徵募善款。

在NPO副理事長，早稻田大學創造理工學部的大河內博教授（↓一二四頁）領導下，NPO建立了名為「運用世界遺產富士山的研究陷入危機！測候所的存續需要大家的幫忙！」的群眾募資項目。募資的目標額度設定在三百萬日圓。負責NPO宣傳工作的松田千夏小姐，除了在NPO的官方網站，也利用社群網站積極地向外界傳達富士山測候所的現況，並徵募善款。

起初，NPO的人們對於究竟能募到多少錢充滿了不安。然而在募款開始後，只用了兩個禮拜就達到了設定的目標金額。最終募到了超過目標一倍的六百一十二萬日圓。

資助者可以在群眾募資網站留言，而NPO在閱讀留言後，發現他們有些是以前曾在氣象廳工作的退休人員，有些是父親曾在富士山測候所任職的人士等，很多都是跟富士山測候所有因緣的人。

大家都一直在關注著富士山測候所的發展，並在NPO遇上最大的危機時出手相助。多虧這些人士的幫忙，NPO總算在隔年也能繼續營運富士山測候所。

另外，NPO也收到了很多「雖然知道科學家們有在富士山測候所做觀測，不過卻是到今天才得知居然不是由政府出錢，而是你們自己想辦法籌措經費。太震驚了」的留言。

松田小姐回顧當時的經過後這麼說道：

「富士山觀測所的觀測活動中止，導致不得不對外募款來填補資金缺口，雖然這件事在當時是一大災難，但也讓許多人認識了NPO的現狀，因此從結果來說我認為是一件好事，不過的確是很辛苦。」

為了今後也能在富士山的頂點進行觀測

對於富士山測候所的研究活動現況，「NPO法人富士山」成員之一的佐佐木一哉教授（弘前大學教授）表示「有點讓人著急」。

確實，在過去十七年間，有很多來自各界的科學家和學生在富士山頂進行觀測或實驗，也做出了成果，佐佐木教授也很肯定這一點。

由於測候所的建築物很狹小，一次最多只能駐留十幾人左右，所以佐佐木教授感慨：「如果山頂的設施能更充足，一次讓更多人使用的話，就能比現在創造出更多研究成果了」。

富士山測候所的建築也在不斷老化。現在的建物是一九七三（昭和四十八）年落成，屋齡已超過五十年。因此每年夏天開始前，山頂班的人都得上山修補漏雨比較嚴重的地方，勉強讓建築可以繼續使用下去。

對ＮＰＯ的成員來說，最理想的方式是重建建築物，讓測候所變成可以容納更多人做觀測和研究的大型設施。還有，最好也能換新同樣已經老化的輸電線。

然而目前這兩個願望都難以實現。因為富士山測候所是氣象廳的設施，氣象廳當初認為「富士山測候所已不需要派人執行勤務，不再是那麼重要的設施」才將測候所無人化，並出借給「ＮＰＯ法人富士山」。對於這樣的建築物，不太可能投

入大錢進行重建或大規模翻新。

可是現有的建築物不可能永遠使用下去，總有一天會變得不敷使用。換句話說，科學家們終有一天將無法繼續在富士山頂進行觀測。

那麼究竟該如何是好呢？

NPO的成員們認為要解開這個死局，「最重要的是今後持續在富士山頂累積傑出的研究成果」。

只要持續累積研究成果，社會上就會有愈來愈多人認為「富士山頂的研究很重要。政府應該支持他們」。

包含夏威夷的毛納羅亞觀測所在內的外國觀測所，幾乎都是由政府等公家機關出資營運。像富士山測候所這種由NPO自己籌資營運的情況，是非常罕見的例子。

因此，只要民間呼籲「政府應該提供支援」的聲音愈來愈大，就能推動政府執行。如此一來，或許日本政府也會認真協助NPO的營運，充實富士山頂的研究設施。

NPO的成員們如今也期盼著那樣的未來，同時盡最大的努力做好現在能做的事情。

PART II

富士山測候所是位於日本最高點的研究所

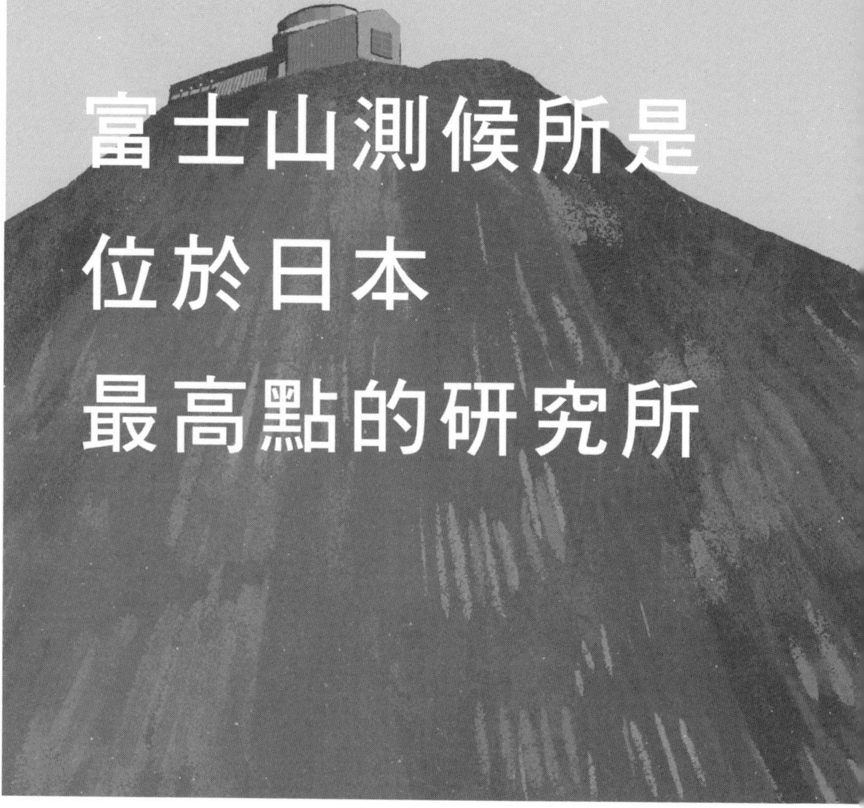

5

在富士山頂測量二氧化碳，了解人類活動對地球有何影響

野村涉平
教授

如果地球繼續暖化，人類將大難臨頭

日本有一所名為國立環境研究所的機構，專門研究全球暖化和與自然共生等各種環境問題。該研究所開發了一台即使在富士山頂這種高海拔地區也能測量大氣中的二氧化碳濃度的機器，並自二〇〇九（平成二十一）年起開始在富士山測候所進行測量。

現在地球的平均氣溫正不斷上升，比一百年前高了整整一度。背後的主因是以二氧化碳為首的溫室氣體不斷被排放到大氣中。

大氣中的二氧化碳之所以快速增加，是因為十八世紀後半葉歐洲發生了工業革命，開始燃燒煤炭來驅動機器。之後，人類又開始使用石油和煤炭發電、驅動汽車，這些過程都要燃燒石油或煤炭，產生大量的二氧化碳。

二氧化碳等溫室氣體，能將原本應該從地表散逸至太空的熱留在大氣中。地球的平均氣溫能長期保持在攝氏十四度上下，都是多虧溫室氣體存在。假如沒有溫室氣體，那地球的平均氣溫可能會降至零下十九度。

所以地球的環境之所以適合生物生存，可以說都得感謝大氣中有恰到好處的溫室氣體存在。然而，現在的問題是溫室氣體在大氣中持續增加，地球因此變得愈來愈熱。

如果地球的氣溫再繼續上升，南極等地的冰層將進一步融化，導致海平面上升，許多島嶼或沿岸地帶將沉入海中、使大量無法適應急遽環境變化的動植物滅絕、水災和乾旱等極端氣象變多、農作物的收穫量變得不穩定等，無疑將衍生很多

嚴重的問題。

今後，為了預測全球暖化的進程，就必須精確掌握以二氧化碳為首的各種溫室氣體在大氣中的濃度。因此國立環境研究所才要在富士山頂測量二氧化碳濃度。

在海外的孤島上邂逅科學家

野村涉平教授從二〇一二（平成二十四）年便開始參與國立環境研究所在富士山頂的觀測計畫。

當時，野村教授才剛從研究所畢業。之所以到國立環境研究所工作，是因為他想知道當前人類的活動對地球造成了哪些影響，所以便決定透過二氧化碳來研究此主題。

教授對人類和地球的關係產生興趣的契機，源自一九九四（平成六）年，他小學五年級時在外國某個南方孤島的旅行經驗。

在那座島上，野村教授邂逅了一位正在研究島上生物的科學家。他在聽到科學家說「一部分棲息在這座島上的昆蟲數量正在減少。背後的原因可能跟人類破壞環境有關」後，大吃了一驚。

後來，野村教授又有一次機會到瑞士欣賞冰河，並在那裡聽當地人說「冰河每年都在縮小」。教授如此回憶當時的事情：

「從那時開始，我便開始思考『人類該怎麼做才能長久在地球維持繁榮』的問題。但就算詢問學校的老師，他們也無法給我答案。於是我便開始一點一點地自己研究人類跟地球的關係。」

此外，在就讀研究所期間，野村教授也經歷了一些寶貴的經驗。

野村教授在大學期間研究的是土壤，後來移居到南方島嶼，又開始研究用牛糞堆肥（對田地施肥的意思）。在那座島上，一些家裡有養牛的農家，會把牛糞堆

在牛舍旁邊的土地上。

看到這些牛糞，野村教授便心想「牛糞中含有很多可以促進作物生長的肥料成分，有沒有什麼方法可以好好利用呢？如果用牛糞的話，一定可以做出優質的肥料」。於是，野村教授便著手製作堆肥，並在當地人的協助下，建立了一套可以將做好的堆肥交給農民利用的系統。

在研究堆肥的過程中，野村教授注意到了一件事。有些島上的農民除了使用牛糞製造的堆肥外，也會同時在田裡使用化學肥料。化學肥料中含有大量的氮，如果順著水從田裡流入大海，便會導致「優養化」現象，也就是海水中的養分變得太高。當海中的養分太高，浮游生物就會大量繁殖，破壞海中生物的平衡。

因此野村教授採集了田地附近湧出的地下水，分析了水中成分，結果得到了意想不到的結果。雖然在大量使用化學肥料的地區湧出的地下水中，確實驗出了很高的氮濃度，但同時也驗出了很高的鈣濃度。

位於南方的這座小島，其實是珊瑚礁隆起形成的珊瑚礁島。因此只要稍微挖掉表層的土壤，就可以在下面發現珊瑚礁，而珊瑚礁是由鈣和二氧化碳組成。因此野村教授建立了一個假說：地下水中驗出大量的鈣，是因為撒在田地中的化學肥料中的氮元素，溶解了土壤下面的珊瑚礁。

那麼，珊瑚礁的另一個成分二氧化碳會怎樣呢？

「該不會……」此時野村教授突然想起一件事。每次去田地附近採集地下水時，總是會被一堆蚊子咬。但是，在遠離田地的森林中採集地下水時，卻沒有遇到這種情況。野村教授想起以前聽人說過「蚊子喜歡二氧化碳」。

「會不會是二氧化碳隨著地下水湧到地表時，氣化釋放到了空氣中呢？」野村教授如此心想。

於是他調查了在田地附近湧出的地下水的二氧化碳濃度，結果檢測到了超過正常值大約十倍的二氧化碳濃度。野村教授的預測命中了。

進一步調查後，野村教授發現當農民為了在珊瑚礁土地上種植作物，播撒超

過作物可吸收量的肥料時，便會溶解珊瑚礁，往大氣中釋放大量的二氧化碳。而他是第一個發現這件事的人。

換言之，「在田地使用化學肥料」這個人類對大自然做的行為，其實對大自然造成了很大的負擔，成為地球環境惡化的主因之一。

經過這次經驗，野村教授心中對人類和地球的關係變得更加關注。

就在這時，野村教授得知國立環境研究所成立了一項計畫，打算在亞洲各個地區觀測溫室氣體的濃度，正在招募相關人才。野村教授意識到「這正是我想做的工作」，於是立刻前去應徵，開始在研究所工作。

富士山頂是亞洲地區中最適合觀測二氧化碳的地方

野村教授在國立環境研究所的主要工作有二。

第一個工作，是主持研究所自二〇〇九（平成二十一）年開始的富士山頂二氧化碳濃度觀測活動。

另一個工作，則是在日本以外的亞洲各國設置觀測機器，跟當地人合作推動二氧化碳濃度的觀測計畫。

隨著亞洲國家的人口增加和經濟起飛，二氧化碳的排放量無疑正在逐年增加，然而，過去幾乎沒有人在做當地的二氧化碳相關觀測。因此，掌握這些地區的碳排狀況變得日益重要。

另一方面，在富士山頂觀測的目的，不是為了觀測日本國內的二氧化碳排放量，而是為了調查亞洲地區的大氣中二氧化碳濃度基準。

誠如在第六十六頁所述，富士山的山頂位於自由大氣層。在自由大氣層，常年存在著朝固定方向吹拂的強風帶。在富士山所在的北緯三十五度到六十五度這個區域，有著稱作西風帶的風，大約每幾個禮拜就會環繞地球一圈。

所以在富士山頂觀測，不只能觀測到日本，還能得知來自日本西邊的亞洲地區排放的二氧化碳資訊。

從富士山頂的大氣二氧化碳濃度中得到的訊息

在國立環境研究所，科學家會全年在富士山頂觀測二氧化碳。

富士山測候所的開放時間，僅有夏季的短短兩個月，在此期間外的十個月都是無人狀態，建築物中的電源會關閉。所以野村教授等人會在夏天替放在山頂的一百顆電池充飽電，並在富士山測候所建造了可以使用電池的電力在冬天運轉的觀測機器。這樣即便夏天過去，也能繼續進行觀測。

結果，他們發現了很多以前不知道的事情。

首先跟剛開始富士山頂觀測的二〇〇九（平成二十一）年相比，現在大氣中的二氧化碳濃度確實正在增加。在觀測開始時的二〇〇九年七月，大氣中的二氧化碳平均濃度是三八三・三ｐｐｍ（一ｐｐｍ就是〇・〇〇〇一％）；然而到了

從富士山測候所眺望雲海的野村教授

二〇二一（令和三）年八月，二氧化碳濃度上升到了四二〇・一ppm。

而除了富士山測候所之外，全球各地還有好幾間同樣位於自由大氣層高度的研究所也在觀測二氧化碳濃度。比較其中之一的夏威夷毛納羅亞觀測所和富士山頂的數據，兩者在二〇〇九年時測得的二氧化碳濃度相差無幾，但現在卻是富士山頂測得的濃度更高。儘管毛納羅亞觀測所的濃度也在增加，但富士山頂的增加速度卻更快。

背後的理由，推測是因為亞洲各國的二氧化碳排放量增加，而位處亞洲東側的富士山更容易受到影響。

在亞洲國家中，二氧化碳排放量最大的是中國。中國在二〇二〇（令和二）年新冠肺炎疫情大流行時，實施了大規模的封城，國民被禁止外出，經濟活動也跟著停擺。

結果在那一年，只有在中國封城的那段期間，富士山頂測得的二氧化碳濃度減少了。另一方面，毛納羅亞觀測所測到的濃度則沒有變化。這個結果證明在亞洲國家中，富士山頂的二氧化碳濃度特別容易受到中國影響。

從不同角度面對相同課題

野村教授說，「進入國立環境研究所，開始在富士山測候所等地方觀測溫室氣體後，我對氣候變遷的危機感一年比一年升高」。

雖然富士山頂和毛納羅亞觀測所測到的大氣中二氧化碳濃度都在逐年上升，但上升的幅度卻因年而異。攤開數據會發現，在聖嬰現象發生的年分，二氧化碳濃度上升幅度比較大，而在反聖嬰年時則會變小。

所謂的聖嬰現象，是一種太平洋東側赤道附近海面的水溫變得比常年更高的現象，而反聖嬰現象則是同區域海面的水溫變得比正常更低。已知這片海域的溫度變化，對於地球整體的二氧化碳排放和吸收有很大的影響。

然而，「自二〇一〇年代後半以降，我們開始觀察到某個變化」，野村教授如此說道。

「即便是在反聖嬰現象發生的年分，二氧化碳濃度的上升率也不再下降了。這很可能是因為人類活動排放的二氧化碳量，已經多到連反聖嬰年時自然界稍微增加的吸收力也無法消化的程度。」

現在，全世界都樹立了要將全球平均升溫「控制在不超過工業革命前的攝氏

一・五度，最壞也要控制在攝氏兩度」。因為科學界預測，一旦超過這個氣溫，許多島嶼和平原地區將因頻發的極端氣象以及海平面上升而被水淹沒，導致許多人失去居所等嚴峻的狀況。

為了將氣溫上升控制在攝氏一・五度內，地球整體大氣中的二氧化碳濃度就必須控制在四三〇ppm左右，但按照現在的增加速度，只要三年後就會超過四三〇ppm。

而若要將氣溫上升控制在攝氏兩度以下，二氧化碳濃度則必須控制在四五〇ppm左右；但按照目前的速度，十二年後就會達到四五〇ppm。

時限正在快速逼近。

因此，野村教授為了能從更多角度認識氣候變遷的挑戰，決定從國立環境研究所調職到環境省。

環境省的工作之一，便是以國家立場研擬並推動因應全球暖化的對策，而野村教授認為「如果不加速國家層面的政策，就不可能阻止全球暖化的進行。所以我決定參與這方面的工作」。

另一方面，野村教授認為「延續在富士山頂的觀測也很重要」。調職到環境省後，野村教授就得把山頂觀測的工作交接給其他研究所成員，但他仍希望「在今後一百年間，人們能繼續在富士山頂進行觀測」。因為沒有其他地方比富士山更適合觀測大氣中二氧化碳的濃度。

然而在富士山頂工作非常辛苦。野村教授也不例外，每次爬上山頂都飽受噁心嘔吐等嚴重的高山症所苦。不論重要性再怎麼高，痛苦的事情也很難讓人持續做下去。

因此野村教授每年都在一點一點簡化在富士山頂安裝觀測機器的作業。能在平地完成的作業就在平地完成，盡可能縮短並簡化在山頂的作業。

結果，原本需要在富士山頂花上四天三夜才能完成的安裝作業，現在已縮短到了兩天一夜。「感覺再不久就能改良到當天來回了」，野村教授甚至有此感觸。若能做到，即使交接給其他成員，也一定可以長久維持下去。

設置在富士山測候所的大氣 CO_2 濃度觀測系統（最右為野村教授）

另外，野村教授在二〇一七（平成二十九）年也開始在富士山頂觀測甲烷。甲烷也屬於溫室氣體，雖然甲烷的排放量只有二氧化碳的五分之一左右，但溫室效應卻是二氧化碳的二十五倍。想要阻止暖化，空氣中的甲烷也必須減量。因此他在富士山頂放了一個燒瓶，並測量了燒瓶中的山頂空氣中究竟含有多少甲烷。

在富士山頂的甲烷觀測究竟會取得什麼樣的分析結果，期待今後繼承野村教授腳步的人們可以為我們解開答案。

雖然野村教授即將離開富士山頂，但在測候所內的觀測機器，今天依然持續測量著大氣中的二氧化碳。

6 在富士山頂捕捉飄洋過海而來的臭氧

加藤俊吾
教授

臭氧是守護地球環境的英雄，也是反派角色

科學家在富士山頂除了二氧化碳濃度之外，也在觀測著各種大氣中的物質。東京都立大學都市環境學部的加藤俊吾教授持續觀測一氧化碳、臭氧、二氧化硫等物質。其中加藤教授投入最多心力的是臭氧的觀測。

臭氧跟地球的關係有點複雜。它既是守護地球環境的英雄，同時又有著反派

的一面。

先說它作為英雄的一面。在距離地表二十至三十公里的高空，有一個名為臭氧層，是散布著大量臭氧的氣層（見第六十八頁的圖）。這個臭氧層會吸收來自太陽的紫外線，減弱降落到地表的紫外線量。紫外線對生物有很大的危害，所以我們能夠平安生活在地球上，都得感謝臭氧層的存在。

然而在一九八〇年代，科學家發現人類製造的一種名為氟氯碳化物的氣體不斷進入高層大氣，破壞了臭氧層。臭氧層的臭氧量減少後，到達地表的紫外線量便會增加，而使人們暴露在強烈紫外線下，增加罹患皮膚癌等疾病的風險。因此全世界共同合作減少氟氯碳化物的生產量，改用對臭氧層影響較小的替代氣體。

但臭氧也有反派的一面。其實臭氧本身對生物來說也是一種有害物質。所以，雖然飄浮於地球高空的臭氧層對生物完全沒有影響，但若靠近地表的臭氧（也稱為對流層臭氧）太多，就會造成麻煩。而如何減少對流層臭氧，正成為各種環境問題中一個非常重要的主題。

對流層臭氧之所以會產生，究其原因也跟人類的經濟活動有關。比如工廠在生產物品，以及燃燒石油或煤炭來提供汽車動力時，都會產生氮氧化物和揮發性有機化合物。當這些物質照射到來自太陽的紫外線，就會發生化學反應，產生以臭氧為主的有害物質。

這類有害物質被稱為光化學氧化物，而空氣中光化學氧化物濃度很高時會形成光化學煙霧。光化學煙霧會引發呼吸困難、手腳麻痺、頭痛、嘔吐等症狀。同時，長時間生活在臭氧濃度高的環境，也容易罹患呼吸系統疾病。

不僅如此，對流層臭氧也跟二氧化碳和甲烷一樣屬於溫室氣體，正成為加速全球暖化的原因之一。

減少臭氧，就能阻止暖化?!

如前所述，臭氧對於地球環境有利也有弊，而加藤俊吾教授的研究對象，則是臭氧不好的那一面。

加藤教授開始在富士山頂觀測大氣中的臭氧濃度，是在二〇〇七（平成十九）年。最初的目的是為了觀測跨境汙染，也就是從其他國家飄來的臭氧狀況。

事實上加藤教授開始研究跨境汙染的時間是在一九九〇年代後半，當時正值以中國為首的亞洲各國經濟起飛期。在人類活躍的經濟活動下，亞洲地區的大氣汙染狀況會發生何種變化，這個議題的重要性在當時與日俱增。

研究跨境汙染物質時，在遠離城鎮的偏鄉地區更容易取得正確的資料。因為太靠近城鎮的話，空氣很容易直接受到該城鎮的工廠與道路排放的汙染物質影響。

因此加藤教授選擇在遠離城鎮的長野縣白馬八方尾根、沖繩的離島、以及北海道等地方觀測。同時曾搭乘東京大學海洋研究所擁有的「白鳳丸」（現為海洋研究開發機構所有），以及海洋研究開發機構的海洋地球研究船「未來號」，前往距離東京都心約一千公里的小笠原群島進行觀測。「白鳳丸」和「未來號」都是以海洋研究為主要目的之研究船，但也有一些研究計畫是利用這兩艘船研究大氣與海洋

登頂途中同時檢測大氣的加藤教授

的關聯性，而加藤教授也參與了這幾項計畫。

加藤教授進行上述觀測計畫的期間，正好是「NPO法人富士山」成功借到富士山測候所的時候，於是有人也來邀請加藤教授「要不要到富士山頂觀測看看」。

「如果是在位於自由大氣層範圍內的富士山頂，就能更準確地測量到跨境飄來的臭氧。而且富士山位於日本列島的正中央，可以連帶得知日本整體到底有多少跨境飄來的臭氧。有機會到富士山頂觀測，實在非常幸運。」

加藤教授如此說道。

距離加藤教授開始在富士山頂觀測臭氧，如今已過了大約十五年之久。據加藤教授所說，臭氧的濃度在這段期間「雖然沒有增加，但也沒有減少」。

事實上，臭氧沒有減少是很奇怪的結果。因為中國近年已大力改善空氣汙染，氮氧化物和揮發性有機化合物的排放量都在減少。而臭氧是氮氧化物和揮發性有機化合物照射到紫外線後發生化學反應產生，所以這些物質的排放量減少後，理論上臭氧應該也會減少。然而實際上卻沒有減少。

這個現象有點令人不解。順帶一提，日本國內的氮氧化物也比以前減少了很多，卻花了很大的工夫才讓臭氧量下降。

「目前推測是因為雖然產生臭氧的物質減少了，但仍有其他原因導致這過程中不斷有臭氧產生。想要解開這個謎題，就必須更深入了解臭氧產生的機制。」（加藤教授）

但不論背後的機制為何，想要減少空氣中的臭氧，我們能做的還是只有持之

以恆地努力減少工廠和汽車排出的氮氧化物等物質。

一如前述，對流層臭氧跟二氧化碳和甲烷一樣，也是一種溫室氣體。加藤教授表示，「在各種溫室氣體中，臭氧一旦減少就能立即看出效果」。

比如二氧化碳在排入大氣後會以百年為單位持續存在，停留非常久的時間。所以，就算我們從今天開始完全不排放二氧化碳，也要很長一段時間後才會看到減排效果；而甲烷在大氣中停留的時間也長達十年左右。另一方面，對流層臭氧只要幾個月就會從大氣中消失。所以很容易就能看到減排效果。

當然最根本、最重要的做法，還是減少全球暖化的最大肇因——大氣中存量最多的二氧化碳，以及第二大肇因的甲烷。儘管如此，想要立竿見影地阻止暖化趨勢，減少對流層臭氧也很重要。

而加藤教授正是為了了解對流層臭氧的真實現狀，才選擇在富士山頂持續進行觀測。

設置火山氣體偵測器，為富士山爆發做好準備

除了臭氧之外，加藤教授也在富士山頂觀測二氧化硫的含量。因為二氧化硫也是燃燒石油和煤炭時排放到大氣中的大氣汙染物質。

不過，加藤教授在富士山頂只檢測到很低濃度的二氧化硫。這似乎是因為工廠等地排放的二氧化硫不容易上升到富士山頂這樣的高處。

然而就算濃度很低，也不能因此停止觀測。因為若不持續觀測的話，當環境發生變化導致濃度改變時，就會錯失變化的前兆。

說到科學家的工作，一般人大多只會想到偉大的科學發現或解開重要的科學謎團。然而即使無法促成偉大的科學發現，透過觀測腳踏實地收集資料，也是科學研究者的重要職責。

而就在某一天，加藤教授觀察到富士山頂的二氧化硫含量突然急速上升。起初他還以為「是不是觀測機器故障了？」

但後來他才找到了真正的原因。原來就在幾天前，鹿兒島縣的櫻島發生了火山爆發，而爆發的煙霧也一路飄到了富士山山頂。由於火山爆發的氣體中含有二氧化硫，所以觀測數值才突然上升。二氧化硫也是火山爆發時噴出的火山氣體之一。

另外，在位於富士山北方的淺間山爆發時，富士山頂的二氧化硫濃度也同樣急速上升。

這時加藤教授突然靈光一閃。

雖然富士山最後一次爆發是在江戶時代，此後已超過三百年沒有噴發過，但目前依然是一座活火山，無論何時發生下一次噴發都不奇怪。

於是加藤教授決定開發一台偵測器，除了二氧化硫外也能隨時偵測同為火山氣體的硫化氫，並將它安裝在山頂。萬一有天富士山真的爆發，就能透過火山氣體的濃度即時掌握噴發的規模和狀態，有助於防災和減災。

然而加藤教授只有夏天才能使用富士山測候所。夏天以外的時間，測候所都是無人狀態，也無電可用。因此加藤教授開發了一套在沒電期間也能靠電池供電的火山氣體監測系統。而監測到的資料，則透過只需非常小的電力就能運作的廣域通訊方式即時傳送到平地，並且能夠即時查看。

另外，富士山的爆發不一定只發生在山頂，也可能從其他地方爆發。所以加藤教授計劃在富士山上多個地點設置偵測器。

未來，加藤教授還考慮在富士山頂觀測氫氣。

氫氣燃燒後不會排出二氧化碳或其他汙染物質，唯一的產物只有水，因此被視為一種有潛力取代石油和煤炭的新能源。實際上也有車商開始研發和販賣氫能源汽車。

不過在推廣氫能源時，一定要做好萬全的管理體系，防止氫氣因為事故而洩漏到大氣中。這是因為氫氣可能會跟大氣中的各種物質發生化學反應，對環境造成意想不到的影響。

越冬觀測裝置（右）與一氧化碳及臭氧監測裝置（左）

所以持續監測檢查大氣中的氫氣濃度是否保持在正常數值，確保氫氣沒有發生外洩，是一項很重要的工作。

加藤教授在富士山頂的大氣觀測，或許可以比喻成人體的健康檢查。

做健康檢查時，如果發現檢查項目一切正常，雖然可以暫時放心，但仍不可掉以輕心，必須定期回診。而對於數值不佳的項目，則必須找出背後的原因，思考解決方法並進行治療，透過再次檢查確認數值有無改善。

大氣也是一樣的道理。為了隨時掌握地球的健康狀態，持續觀測至關重要。

7 富士山的天空竟然發現微塑膠！

大河內 博
教授

塑膠汙染的不只是海洋！

塑膠對海洋的汙染，如今已成為人類的一大問題。

塑膠被廣泛運用在寶特瓶、塑膠袋、食品容器為首的各種現代產品中。雖然塑膠讓人們的生活變得無比方便，但對自然界來說卻是非常糟糕的存在。塑膠主要是人類從石油等物質煉製出來的人造產物，並非自然界原本存在的物質。塑膠雖然會被太陽的紫外線分解成小顆粒，卻不會真的消失不見。

而在這個塑膠時代，海洋被人類當成丟棄塑膠垃圾的垃圾場。有些塑膠是直接被倒入大海，有些則是城市中亂丟的塑膠垃圾掉入河川，再順著河水流入大海。

大海中存在著大型的塑膠，也存在被分解成顆粒的微小塑膠。預估到了二〇五〇年時，海中的塑膠垃圾數量甚至將比魚還要多。

其中問題最大的，是一種稱作微塑膠，直徑在五公厘以下的小型塑膠。這些微塑膠會被小型魚類誤食，小魚再被大魚吃掉，最後大魚再被人類捕撈食用，繼而進入人類的身體。

目前還不清楚塑膠具體會對人體產生哪些不良影響，但可以肯定的是塑膠絕對不是什麼有益健康的東西。

其中最需要擔心的情況，就是海洋中的其他有毒物質吸附在微塑膠上。當人類吃魚時，便有極高可能性把這些有毒物質跟著微塑膠一起吃下肚。

如今，以早稻田大學創造理工學部的大河內博教授為首，全球各地科學家們的研究發現，其實大氣中也存在微小到肉眼看不見的微塑膠。而跟海洋中的塑膠問

結束夏季觀測後下山的研究者們。最右者即是大河內教授

題一樣，科學家日漸發現大氣中的塑膠汙染也處於十分嚴峻的狀況。

「不只是魚類，實際上自來水和瓶裝水中也檢測到了微塑膠，換言之塑膠會透過各式各樣的管道進入我們的身體。而其中數量最多的，恐怕就是空氣。畢竟人類每天會進行兩萬次以上的呼吸，不呼吸的話就無法生存。」

大河內教授如此說道。

大河內教授在二〇一九（令和元）年時，第一次在富士山山頂採集的空氣中發現了微塑膠。這代表微塑膠的足跡甚至已經來到了這麼高的高空。

當有風自東南亞方向吹來時，微塑膠濃度就會上升

大河內教授的專長，是名為環境化學的學問。

如同本書至今介紹過的，二氧化碳和氮氧化物等化學物質，會對地球環境產生各種各樣的影響。因此大河內教授才要觀測各種各樣的物質，好得知地球環境處於何種狀態。教授會在富士山上採集氣體、粒子、雲，檢測其中包含的物質。

除此之外，研究汙染物質會對自然環境和生物造成何種危害，又如何才能改善問題，也是大河內教授的研究內容。換言之，大河內教授的研究以環境為主題，底下包含了很多子項目。

比如大河內教授從學生時代就開始研究酸雨。所謂的酸雨，是工廠和汽車等

排放的硫氧化物和氮氧化物飄到高空後轉化成硫酸或硝酸，再溶於雨滴後降落到地表的酸性雨水。酸雨降落到地表後會導致樹木和草枯萎、使農作物長不大、或導致湖水或池塘中的生物死亡等各種危害。

因此大河內教授不只調查了會降下酸雨的雨雲或霧中含有哪些成分，更研究了酸雨的形成機制，以及酸雨降下後森林樹木的生長狀況和河川的水質變化的調查研究。同時也關注森林的淨化作用（將含有大量酸性氣體的空氣變乾淨的作用），進行了相關研究。

「我想成為一位地球醫生，而要成為優秀的醫生，就必須正確地診斷地球這位病患的身體狀態，並找出有效的治療方法。為了做到這點，我想更了解地球的空氣、水、土壤、以及森林和生物，因此進行各式各樣的研究。」（大河內教授）

而教授開始強烈關注微塑膠問題，是在二〇一七年為了調查大氣汙染而前往柬埔寨之後。

柬埔寨是一個位於東南亞的國家，國內有知名景點吳哥窟遺跡，每年都吸引很多觀光客前往。而現代柬埔寨人的生活中也使用了大量塑膠。柬埔寨在東南亞各國中屬於比較貧窮的國家，政府和人民對環境問題的關心程度還很低。

而大河內教授也在柬埔寨好幾處目睹了大量寶特瓶被隨意丟在路邊的糟糕光景，內心產生嚴重擔憂。其中最令他產生強烈危機感的一次，則是在造訪某座名為洞里薩湖的知名湖泊時。

洞里薩湖的水位在雨水較少的旱季會下降，使得平常藏在水中的矮木露出水面。而在露出水面的矮木上，則覆蓋著滿滿一片有如花海般五顏六色的塑膠垃圾。

柬埔寨所在的東南亞，是一個日照很強的地區。因此大河內教授推測，來自太陽的強烈紫外線將在短時間內令大型塑膠碎裂成小塊的微塑膠。

「假如此時有強風吹過，就會把大量的微塑膠從地面捲到大氣中。」

大河內教授心想。

於是教授決定實際調查看看空氣中究竟存在多少微塑膠。

當時，即便放眼全世界，也還沒有幾位研究大氣中微塑膠的科學家。只有二

〇一六年法國科學家在分析了雨水的成分後，發表了論文發現在雨水檢測到了微塑膠而已。

大河內教授先在自己任職的早稻田大學（位於東京都新宿區）六十五公尺高的大樓屋頂上檢測，接著又在洞里薩湖附近的柬埔寨第二大城暹粒檢測了微塑膠。結果發現，新宿的空氣每立方公尺僅含有五個微塑膠，但柬埔寨的空氣中檢測到了十倍，竟含有五十個微塑膠。

此外，在新宿空氣中檢測到的大多是直徑三～七微米（一微米等於一公厘的千分之一）的微塑膠，而在柬埔寨檢測到的微塑膠更多在直徑一微米以下。推測這是因為柬埔寨的紫外線比新宿更強，所以塑膠更容易碎裂，更快變成更小的微粒。微塑膠的直徑愈小，在被人類吸入時就更容易深入血管或肺部，再通過微血管進入血液，然後順著血液流到全身，對人體造成風險。

現在，隨著東南亞各國的經濟成長，塑膠的使用量也與日俱增。不僅如此，日本等發達國家還把自己處理不了的塑膠垃圾出口到東南亞（雖然近年限制塑膠垃圾進口的國家開始增加，已經無法輕易出口塑膠垃圾）。另一方面，東南亞各國人民對塑膠垃圾的環保衛生意識至今依然不高，也沒有對塑膠垃圾建立完善的回收處理機制。

換言之，整個東南亞地區很可能會變成微塑膠的汙染源頭。歐美和日本等先進國家不應該把塑膠垃圾塞給東南亞，反而應該幫助這些國家妥善管理和處理塑膠垃圾才對。

後來，大河內教授有了在富士山頂測量微塑膠的念頭。正如此前的說明，富士山的山頂位於自由大氣層，而自由大氣層的特點就是不易受到地表排放的大氣汙染物質影響。

在位於自由大氣層的富士山山頂，大氣汙染物會乘著強風由西往東跨越國境漂流。如果含有大量微塑膠的空氣會從東南亞飄到富士山頂，那麼富士山頂的空氣中應該也含有大量微塑膠才對。

而實際檢測後，也確實在富士山頂的空氣中發現了微塑膠的存在。這是全球

首次在自由大氣層中發現微塑膠。

耐人尋味的是，微塑膠的含量與種類會隨富士山頂的空氣來源而異。而只要使用科學方法，就能知道這些空氣來自哪裡。

結果發現，跟來自太平洋上空的空氣相比，來自中國大陸上空的空氣微塑膠含量更濃。而來自東南亞陸地的空氣微塑膠含量又比中國大陸更濃。這個結果清楚顯示，東南亞的汙染狀況已十分嚴重。

正因為不清楚，才有著手研究的意義

大河內教授說，他對於大氣中的微塑膠問題「主要有兩個擔憂」。一是微塑膠對地球環境的影響，另一個是對於人類等生物健康的影響。

首先是對地球環境的影響，目前已有科學家提出報告，發現微塑膠在分解的過程中，會產生溫室氣體的甲烷和二氧化碳。

在富士山山頂這種自由大氣層，由於紫外線比在地表更強，所以大氣中的微塑膠會在短時間內就快速分解成更小的塑膠顆粒。如果這個過程會產生甲烷和二氧化碳，那麼全球暖化有可能因此加速。

不過另一方面，也有科學家認為「大氣中的微塑膠也可能有減緩全球暖化的作用」。

此理論認為，大氣中的微塑膠會成為雲凝結核，可能讓雲層更容易形成。如果雲層更容易形成，就能遮蔽更多太陽光，說不定會抑制暖化的進行。

大河內教授在富士山山頂採集雲，分析了雲中含有哪些物質。

雲的本質就是細小的水滴（雲滴）或冰滴（冰晶）的集合。因此教授在富士山的山頂準備了一台由大量細小縱線（細線）組成的觀測裝置。當風在有雲的時候吹向山頂，風就會通過這台裝置，此時雲滴或冰晶撞到細線，便會沿著細線流落，

聚集在裝置下方的容器裡。於是只要分析容器內收集到的水，就能得知雲滴或冰晶的成分。

大河內教授使用這台裝置，發現在富士山頂的雲滴和冰晶中也含有微塑膠。但無法確定這些微塑膠是否真的具有雲凝結核的作用。為了解開問題的答案，今後教授將繼續深入研究。

總而言之，關於大氣中的微塑膠會對地球環境造成何種影響，目前存在各種不同的理論。儘管還無法確定哪些理論是正確的，但包含大河內教授在內的眾多科學家都同意「必然會造成某種影響」。

至於另一大擔憂，則是微塑膠對於人體和生物體的影響。

但在這方面，同樣也還沒有具體明確的答案。目前聯合國組織WHO（世界衛生組織）認為「微塑膠即使進入人體，只要能透過尿液或糞便排出體外，那就沒有問題」。

然而如果微塑膠進入肺部深處的話，就很難離開肺部，會一直停留在肺裡。實際上，有研究在分析過解剖遺體時取出的肺部，以及手術時切除的部分肺部組織後，就發現了微塑膠的存在。

多數的塑膠製品為了不易燃燒或彎曲，都添加了對人體有害的物質。如果這

進行觀測中的大河內教授

採集雲水的裝置

些有害物質在塑膠停留人體內時慢慢溶出，非常有可能會對身體造成不良影響。

「如今在人的血液中也發現了微塑膠。而血液會隨著血管通過全身，代表微塑膠也會循環到全身。最令人害怕的是，塑膠也可能隨著血液進入我們的大腦。」（大河內教授）

此外，教授還跟研究鳥類的科學家共同解剖了燕子和野鴿，檢查牠們的肺裡有沒有微塑膠。結果果然檢測到了微塑膠。

不只是人類，鳥類和哺乳類等生物或許也是微塑膠的受害者。

對於自己傾力研究微塑膠的理由，大河內教授這麼回答：

「正因為科學家還不太清楚微塑膠會對環境和生物造成何種影響，所以才有研究的意義。等到看見不良影響後才後悔『大事不妙，可是已經太遲了，我們什麼都做不了』是不行的。所以我想趁現在做好自己能做的事。」

未來在富士山頂的觀測中，教授也計劃要打造一台可以比現在更精確測出大氣中微塑膠濃度的裝置。

同時他也預定跟其他大氣化學科學家協力，調查南北極的微塑膠狀況，以及微塑膠是如何乘風來到地球高空。另外，也預定要跟海洋科學家合作，研究有多少海洋微塑膠從大海進入大氣。

另一方面，他也計劃要跟醫學和獸醫領域的科學家，共同研究現在人類和野生動物的體內究竟累積了多少程度的微塑膠。

作為一名保護地球環境的地球醫生，為了解開微塑膠之謎，大河內教授還有很多不得不做的任務。

8

微生物會造雲?! 在富士山頂測量冰核

村田浩太郎
博士

微生物等微小的生物，會對地球的氣象產生影響

大家知道雲的裡面是什麼樣子嗎？雲朵是由微小的水滴（雲滴）或冰滴（冰晶）構成。其中的雲滴從雲朵落到地上時，就變成了雨水。而冰晶從雲朵落到地上則會變成雪、霙、或雨。至於到底會變成雪或雨，需視地表的氣溫或濕度而定。

那麼雲滴和冰晶又是怎麼形成的呢？

在人類生活的地表附近，空氣中充滿了由水蒸發而成的水蒸氣。當上升氣流產生，空氣被捲到高空時，空氣的溫度會隨著上升高度而下降，令水蒸氣開始變成水滴（雲滴）。

不過準確來說，光是氣溫下降還無法令水蒸氣變成水滴（雲滴）。大氣中漂浮著許多肉眼看不見的微小塵埃或顆粒（微粒）。這些小顆粒會成為核（凝結核），幫助水蒸氣凝結成水滴（雲滴）。更具體地說，一般是海鹽或硫酸銨的粒子成為凝結核製造雲滴。

而當高空的氣溫繼續下降，水滴會開始凍結成冰滴（冰晶）。

冰晶的形成同樣跟空氣中的微粒息息相關。微粒會成為核（冰核），幫助水滴變成冰晶。如果沒有冰核，水滴必須在零下四十度的低溫才能變成冰晶，但在冰核的幫助下，只需要零下十度的環境就能形成冰晶。

在過去，人們一般認為這些冰核微粒的來源，是從地表乘風捲到高空的沙粒或火山灰等礦物。

然而近年發現，除了礦物之外，微生物也是冰核的來源之一。而且微生物在這之中扮演的角色還非常重要。

微生物在零下十度這種相對較高的氣溫下，就會開始發揮冰核的作用形成冰晶。另一方面，礦物在大多數的情況必須於更低的氣溫才能成為冰核，形成冰晶。

既然冰晶沒有微生物當冰核的話，必須在更低的氣溫下才能形成冰晶，那麼科學界過去對雲滴形成過程的理解十之八九也是錯的。也就是說，下雨和下雪的真實原理，其實跟現在的主流認知完全不同。

換言之，微生物等微小的生物，對於雲的形成和雨雪等地球的氣象有著很大影響。這令人感覺有點不可思議。

關於冰核微生物的研究目前才剛開始起步。對於大氣中的哪些微生物在扮演冰核角色，以及微生物究竟是如何成為冰核形成冰晶，科學家現在還不完全了解。

就在這時，一位認為「正因為還有很多不知道的部分，所以研究起來才有樂趣」的學者跳了出來，決定前往富士山的山頂展開相關研究，他就是埼玉縣環境科學國際中心的村田浩太郎博士。因為雲是在高空形成，所以想研究冰核或冰晶，富士山的山頂就是全日本最適合的場所。

天空有雲和沒雲時，空氣中的微生物種類也不相同

村田博士在大學時期研究的是大氣中的微生物，這是距今大約十年前的事。大氣中存在著許多不同種類的微生物。但科學界還不完全確定大氣中究竟有哪些種類的微生物，以及這些微生物在空氣中的數量。所以村田博士在學生時代採集了大氣，仔細分析了空氣中究竟包含了哪些微生物。結果他在一立方公尺的空氣中發現了幾萬到幾十萬隻微生物。

但是這項研究有個難點，那就是當來自中國大陸的黃沙隨風飄到日本的時節，以及季風從海洋吹來的時節，大氣中的微生物數量與種類都完全不同。還有，

在富士山頂安裝觀測裝置

雨天跟晴天的微生物也不一樣，而且雨天時微生物會跟雨滴一起從高空落到地表。不僅如此，同一地點的天氣和風向也往往幾個小時就變得完全不一樣。

科學研究非常重視所謂的可重複性，也就是「只要實驗或觀測的環境與條件相同，無論是任何人都能得到相同的結果」。若其他人在相同的條件下也能得到相同的實驗結果，科學界就會承認「實驗確實有效」。

然而地球的大氣瞬息萬變，想在相同條件下調查大氣中的微生物非常困難。因此氣象其實是一個科學不擅長處理的領域。

「但正因為很困難，當發現『在某個特定的氣象條件下，大氣中的微生物濃度一定是某個結果』這類規律性時，成就感也會格外地大。在從事這份研究的過程中，我漸漸發現了其中的樂趣。」

村田博士說道。

在村田博士就讀大學的那段時間，科學界正好開始關注大氣中具有冰核作用的微生物。而村田博士也對此很感興趣，一直希望「自己也能從事相關的研究」。

於是在二〇一八（平成三十）年，村田博士第一次登上了富士山。當時他做的研究，是分別採集富士山頂在有雲層通過和沒有雲層通過時的大氣，看看這兩份樣本中究竟都含有哪些微生物。

結果很有意思。在有雲和沒雲的時候，大氣中的微生物種類竟然真的有所不同。在有雲通過的時候，大氣中含有更多「被推測具有冰核作用的微生物」。

「我認為在富士山頂研究大氣中存在的微生物與冰核，或許可以進一步解開到

底是哪些微生物以何種方式扮演冰核的角色，促使冰晶形成的謎題。」

村田博士這麼認為。於是他決定隔年以後也繼續在富士山頂進行觀測。

科學是在許多微小發現的積累下往前邁進

村田博士自二〇一九（令和元）年開始在富士山山頂採集大氣，研究大氣中具有冰核作用的微粒，以及這些「微粒」中究竟存在哪些種類的微生物。

具體的研究內容，便是採集漂浮在富士山頂大氣中的微小顆粒（微粒），然後將這些微粒放入超純水（完全不含其他物質的水）中，再慢慢降低水溫。如果該微粒不具有冰核的作用，那麼超純水必須降到零下四十度才會結凍。若該微粒具有冰核的作用，那水就會從更高的溫度開始結凍。不斷重複這個實驗並觀察水的結凍情況，就能知道哪些微粒具有冰核的作用。

而在這些具有冰核作用的微粒中，既有礦物也有微生物。過去科學家們的研

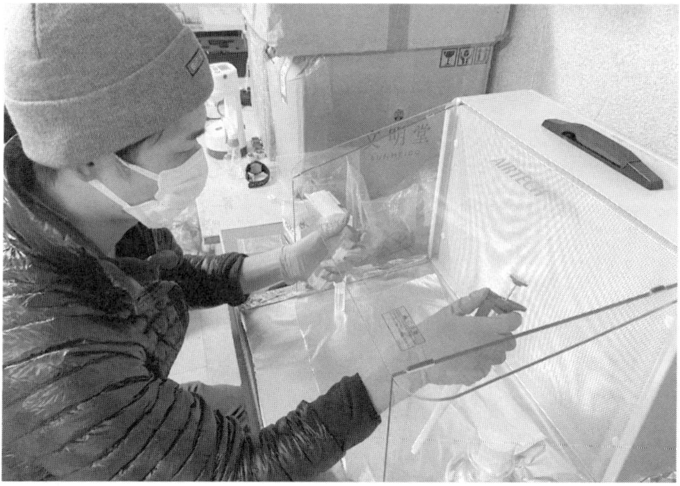

在測候所將微粒保存處理的村田博士

究發現，相較於礦物冰核，微生物的冰核在零下十度左右就能開始發揮冰核的作用，相對氣溫更高。

而在村田博士的實驗和觀察中，雖然數量較少，但也同樣發現了在零下十度左右就能發揮冰核作用的微粒。村田博士利用生物冰核（微生物變成的冰核）在加熱後表現會發生變化的性質，透過實驗確認了該冰核究竟是不是生物冰核。結果發現約有九〇％都是生物冰核。換言之，在富士山的山頂也確實存在微生物變成冰核的現象。

那麼，這些具有冰核作用的微生物，究竟都是什麼樣的微生物呢？

村田博士調查了富士山頂大氣中存在的微生物後，發現當大氣中存在生物冰核的時候，都一定存在一種名為假單胞菌的微生物。換言之，假單胞菌很可能是一種具有冰核作用的微生物。

假單胞菌在地表環境中也是一種知名的造冰微生物。當假單胞菌附著在植物葉子上時，即使氣溫沒有下降到很低，葉子表面的水滴也很容易凍結成霜。因此對農民而言，假單胞菌是一種會對農作物造成損害的棘手存在。

村田博士懷疑，假單胞菌「可能會在高空與地表之間循環」。在高空，假單胞菌會變成冰核，扮演造冰與造雲的角色，當任務完成再跟著雨雪一起降落到地表。實際上在分析雪和雨水的成分後，也的確發現了當中含有很多假單胞菌。然後假單胞菌又會在地表附著於植物葉子上造成霜害，再次上升到高空，繼續扮演冰核的角色，製造冰晶和雲。

然而科學界認為，除了假單胞菌以外應該還存在其他具有冰核作用的微生物。只要未來繼續觀察當大氣中存在生物冰核時，究竟包含了哪些微生物，相信今後一定可以找出更多具有冰核作用的微生物種類。

村田博士這些年來一直在富士山頂採集大氣中的微粒，研究具有冰核作用的微粒數量。今後還計劃更詳細調查雲中的冰核數量。

比如，若發現大氣中的微粒數量跟雲中的冰核數量相同，即可推測大氣中的所有微粒都能成為冰核，參與冰晶和雲的形成。而若雲中的冰核數量比大氣中的微粒數量少，則代表大氣中的微粒只有一部分成為冰核，參與冰晶和雲的形成過程。

又或者，雲中的冰核數量可能遠比大氣中的微粒還要多。如果得到這個結果，就必須進一步去解答「為什麼雲中的冰核數量會比周圍大氣中的微粒數量更多？那些多出來的冰核是從何而來？」等新的疑問。

由此可知，比較大氣中的微粒數量和雲中的冰核數量，可以幫助科學家了解大氣中具有冰核作用的微粒，實際上是如何成為冰核，參與造冰和造雲的過程。

對於冰核，人類還有很多不了解的事情。村田博士一個個的小發現，都將成為科學的新發現。

「小時候我總以為科學發現是天生擁有特殊才能者的專利。但上了大學，開始從事研究後，我才漸漸領悟到，科學的進步其實是靠著許多人們的微小發現一點一點積累而來。參與這些微小的發現，讓我得到了很大的成就感。」（村田博士）

為了一點點解開冰核的謎團，村田博士未來也將繼續在富士山頂進行觀測。

9 用科學方式研究「攀登富士山對人體有什麼影響」

山本正嘉 教授

想教導大眾對身體無負擔的登山方法

夏天的富士山一整季就會吸引二十到三十萬人造訪。特別是在盂蘭盆節的時期，通往山頂的登山道常常擠得水洩不通。

其中有不少人是抱著「既然這麼多人都在爬，那我應該也沒問題」的輕鬆心態前來登頂。

然而，富士山並不是那麼輕鬆好爬的山。很多人會在半路就出現頭痛、嘔

吐、頭暈等症狀，每年更有數人因心臟病或腦中風而暴斃。富士山畢竟是日本第一高山，對身體的負擔也是全日本最高。甚至很多常有機會挑戰外國高山的登山專家們，都把富士山當成訓練的場所。所以我們在攀登的時候，就算是夏天的富士山，也必須做好萬全充分的準備。

富士山對身體負擔大的主要原因，是因為跟地表相比，這裡的氧氣含量只有大約三分之二左右。

空氣的含氧量會隨著海拔升高而減少。這跟氣壓有關。所謂的氣壓，就是空氣從上往下推的壓力。在平地上，由於上方的大氣很厚，因此承受的推力也很強，導致位於下方的空氣會被壓縮，密度比較高。然而在高海拔地區，壓在上方的空氣比平地少，所以壓力比較小，空氣密度也比平地低（換言之密度會變小）。富士山頂的大氣壓力大約只有平地的三分之二，所以氧氣含量同樣也只有大約三分之二。

那麼在攀登富士山的時候，人類的身體究竟會發生什麼不同尋常的變化呢？

有位專家花了很長時間研究這項主題，此人便是運動生理學的專家山本正嘉教授。所謂的運動生理學，是一門研究人在運動時的身體狀態的學問。山本教授自己也是一位登山家，爬過很多次七千~八千公尺級的外國高山。

「在富士山，每次發生意外時就會有人跳出來告誡『要小心意點』、『不要勉強自己』。但就算要大家小心，大眾也不曉得到底該小心什麼。所以在攀登富士山時，到底具體會對人體造成哪些負擔，究竟該怎麼爬才能盡可能減少對身體的負擔，我想收集客觀的資料向大眾傳達這些問題的答案。」

山本教授說道。

攀登富士山時，人體處於需要戴氧氣罩的狀態?!

雖說「攀登富士山會對人體造成很大負擔」，但對年輕人與老年人、登山經驗豐富與從來沒有爬過山的人而言，他們各自承受的負擔理所當然也不一樣。因此，

參加富士山登山研究的高齡者組。他們的右手腕裝有心率計，左手腕裝有血氧儀。

山本教授分別找了不同群體的受試者，包含登山經驗少的年輕族群、登山經驗豐富的中高年組、登山經驗少的中高年組，記錄了各組受試者在攀登富士山時的動脈血氧飽和度和心率、血壓、高山症症狀。

其中的動脈血氧飽和度，是一個顯示動脈血液中的血紅素氧氣結合率的指標。血紅素在血液中負責運送氧氣，會通過動脈將氧氣送到人體全身。所以只要知道動脈血氧飽和度，就能了解身體中的氧氣是否充足。動脈血氧飽和度可以透過血氧儀測量，正常數值應在九十六%～九十九%之間。

山本教授測量了各種人群的數值後發現，在開始攀登富士山後不久，不分年齡和登山經驗，所有受試者的動脈血氧飽和度都開始下降。雖然中間休息時有稍微恢復，但重新啟程後又會下降。而且隨著海拔上升，這個數值也快速往下掉。在平地上，一旦血氧飽和度低於九十%，就會被認定是呼吸衰竭，需要戴上氧氣罩；但實驗中多數受試者的血氧值都跌破了九十%，甚至不少人跌破了八十%。

而且在山頂的富士山測候所過夜入睡時，人們的動脈血氧飽和度又跌得更低。當中甚至有人跌至五十%左右。

雖然原本就知道人體在做劇烈運動時會發生缺氧的情況，卻無法理解為什麼身體在休息狀態下也會缺氧。推測這可能是因為人體在睡眠時主管呼吸的腦部區域活動減弱，或是躺下的姿勢會使胸部運動變小。

五十%這個數值若直接拿給醫生看，十之八九會被診斷是「瀕死狀態」。從動脈血氧飽和度的數值即可看出，攀爬到富士山頂並在山頂上睡覺，對於人體究竟有

多麼大的負擔。

另外，實驗中還測量了心跳頻率的變化。一般認為，如果想在爬山時不感到疲累，就必須讓心率保持在一個人最高心率的七十五%以下。然而在超過海拔三千公尺後，受試者光是走路時的心跳就開始超過七十五%。且在靠近山頂時更接近八十%。可見攀登富士山對心臟的負擔也很大。

「其中年齡愈高、體力愈差、登山經驗愈少的人，動脈血氧飽和度下降程度愈高，心率的上升程度愈大。但若仔細檢視每一個人的數據，會發現即使是對體力很有自信的年輕人和登山經驗豐富的組別，也有部分受試者的身體承受了很大的負擔。所以不能仗著年輕就輕易認為『自己沒問題』。」（山本教授）

那麼，究竟該怎麼做，才能盡可能減少身體的負擔，安全地攀登富士山呢？山本教授也一併研究了這個問題。

教授在反覆實驗中發現其中一個訣竅，就是「有意識地呼吸，可以大幅減輕身體的負擔」。當動脈血氧飽和度跌至八十%或七十%區間時，進行深呼吸或腹式呼吸，可以迅速將血氧拉回九十%區間。

深呼吸任何人都會做。至於腹式呼吸，有些人可能需要稍加練習才能精通，但也並非什麼困難的技巧。發現任何人都能簡單做到，而且具有相當大成效的方法，可說是一大收穫。

另外教授還發現，要防止登山過程中心臟承受太大負擔，只需採取步行，並將攀登速度控制在每小時三百公尺以下即可。只要控制在這個速度，即可防止心臟跳得太快而導致心因性猝死。

然而實際測量人們攀登富士山的速度後，發現很多人的攀登速度都在每小時四百~五百公尺之間。換言之許多人都是用對心臟負擔較大的方法在登山。

這是因為人們在爬山時很難知道自己到底走得多快。因此，教授現在正跟企業合作，開發能幫助登山者在登山過程中掌握自己登山速度的應用程式。

科學始於對自身的好奇心

山本教授表示，他在投入某項研究時，一向很重視「先自己試看看」。以「研究對身體不造成負擔的登山方法」為例，他在自己思考了各種方法後，先是自己親身嘗試登山。結果才發現「採用這種方法時感覺比較不辛苦，而且動脈血氧飽和度和心率等數據也顯示對身體比較沒有負擔」。然後為了確定「這個方法不只適用於自己，對於其他人也是比較無負擔的攀登方法」，才募集更多受試者參與實驗，以這樣的步驟推進研究。

在尼泊爾和中國西藏自治區的交界，有一座名為卓奧友峰，標高八二〇一公尺的高山。山本教授在三十幾歲時曾挑戰無氧攀登這座山。

所謂的無氧攀登，指的是在不使用氧氣瓶的情況下攀登。卓奧友峰的高度是富士山的兩倍以上，因此空氣中的含氧量也只有二分之一。在這種環境下不攜帶氧氣瓶攀登，是非常危險的行為。

山本教授刻意做這項挑戰的理由，是因為他「想要減少登山者的死亡和事故發生率」。

當時，有許多登山者挑戰用無氧攀登的方式攀爬八千公尺級的高山。然而當時還沒有確立一套用無氧方式攀登這種高山的安全方法，因此意外死亡的事件層出不窮。

於是，教授思考了一套可以避開危險、以無氧方式攀登卓奧友峰的方法後，為了確認這套方法是否有效，便決定先自己親身嘗試看看。

教授用上了畢生學過的所有運動生理學知識，擬定了一套事前訓練計畫和攀登計畫。然而最後他雖然成功登頂，但過程中身體狀況卻一直很不好，強烈體認到「這套方法行不通」，開始深切反省。

後來教授重新改良這套方法，決定再次挑戰無氧攀登位於尼泊爾境內的馬納

斯盧峰（八一六三公尺）。而這次的事前訓練場所，則換到了富士山。結果在正式攀登馬納斯盧峰時，雖然最終因為天氣等因素沒能登頂，但攀登過程中的身體狀態卻一直很良好。

日本的登山圈自古以來便有一個說法：「在攀登外國高山時，如果事先在富士山做訓練的話，在正式攀登時就能身體狀況良好」。山本教授也親身體驗到了這點。教授推測這是因為事先讓身體習慣富士山這樣的高山，在外國攀登更高的山峰時，身體就能更好地適應山上的環境。

而教授希望基於自己的親身體驗，事先在富士山進行訓練，詳細研究身體的狀態具體到底會如何改變，哪種訓練最為有效。因為過去「在攀登外國高山前，先練習攀登富士山會更好」的認知，純粹只是登山者圈子的經驗談。

教授打造了一間可模擬富士山和富士山頂的氣壓和含氧量的低氧實驗室，收集身體變化的數值，反覆進行實驗，試圖找出最有效果的訓練方法。同時也對活躍於第一線的日本登山家做了訪查，想了解他們都在富士山做了哪些訓練。

現在，許多登山者在富士山做訓練時，都會參考山本教授的研究成果。也有

在卓奧友峰挑戰無氧攀登的山本教授。他在胸口綁上電極帶，記錄每天行動中的心跳次數。

登山者會前來尋求教授的建議。

山本教授之所以重視自己先親身嘗試，是因為他認為「科學家的出發點，就是對自己產生好奇心」。

「提起科學，很多人可能會以為就是去學習跟自己的身心和生活無關的知識，然而這是錯的。所謂的科學，是從對自己的身體狀態和生活產生『為什麼會如此？』的疑問，然後探究問題的解答開始。我也是對自己的身體狀態充滿好奇，想更了解自己，才開始投入運動生理學的研究。把科學看成跟自己的身體、心靈、以及生活息息相關的存在，在學習科學時更能產生樂趣。」（山本教授）

二〇二三（令和五）年春天，山本教授從自己長年任教的鹿屋體育大學屆齡退休。教授退休後的新目標，是將自己長久以來研究、發現的登山知識，透過登山教室等各種管道，傳達給更多的人知道。

只要知道攀登富士山會對身體造成巨大負擔，相信人們就不會再用輕佻的態度登山。只要注意深呼吸和腹式呼吸，就能避免身體缺氧；以每小時三百公尺以下的速度前進，就能減少對心臟的負擔。具備這些知識的人愈多，在登山過程中發生的意外就愈少。

另一方面，人體存在個體差異。因此在登山時，除了掌握基本的知識外，更重要的是去思考「我的身體狀況如何？雖然一般人的標準是這樣，但我是不是更適合其他的做法」，然後親身測試，找出適合自己的方法。教授的願望，就是讓更多登山者學會跟自己的身體對話。

10 富士山測候所是能從事世界最尖端閃電研究的地方

安本勝
老師

在富士山頂，就能從近距離觀測閃電

對於閃電研究的領域而言，在富士山的山頂也能實現「唯有在此處才做得到的研究」。

說起打雷閃電，相信很多人都會以為這是「夏天出現的現象」。在夏天的炎熱午後，有時原本晴朗的天空會突然就暗下來，緊接著便是激烈的暴雨和震耳欲隆的雷聲，把人嚇一大跳，我想大家一定都有過這種經驗吧。

其實，日本的日本海沿岸地區在冬天也經常打雷，不過這在全球算是比較少見的情況。打雷這種現象，主要還是發生在夏季。

夏季的閃電主要發生在距離地表三千到四千公尺以上的高空（日本海沿岸的冬季閃電則發生在距離地表數百公尺的位置）。研究自然現象時，雖然盡可能靠近觀測很重要，但夏季的閃電很難從地面就近觀察。

不過，如果是在海拔三七七六公尺的富士山山頂，就有可能近距離觀察閃電。閃電大多發生在被稱作積雨雲或積亂雲的雷雲中，有時富士山的山頂還會完全被雷雲包覆。

而且閃電具有落在範圍內最高點的性質。而富士山是「獨立峰」，附近沒有相同高度的山峰，山形又是漂亮的錐形。所以雷擊很容易落在富士山山頂。

因此，由從事閃電研究的靜岡縣立大學特任教授鴨川仁先生領導的研究團隊，便選中了位於富士山頂的富士山測候所，在那裡安裝了觀測器材。而安本勝先生也是該團隊的一員。

「我們會在夏初於富士山測候所安裝好觀測器材，再拜託山頂班的人幫忙管理機器。每次山頂班的人通知我們『打雷了』的時候，我們總是滿心期待，等不及想知道會收集到何種資料。不過富士山的登山客大概很討厭打雷吧，真的對他們很不好意思。可是了解打雷的機制，就能防止雷擊造成的災害。」

安本先生如此說道。

把富士山測候所當成「富蘭克林的風箏」

其實安本先生當初會跟富士山扯上關係，目的不是要在「富士山頂觀測閃電」，而是為了「保護富士山測候所不受雷擊」。

要保護建築物不被雷擊損壞，最有效的方法是安裝法拉第籠，也就是用金屬製成的罩子或網籠完全罩住建築物。只要用法拉第籠罩住建築物，就算建築物被雷擊中，雷擊的電流也不會通過室內。

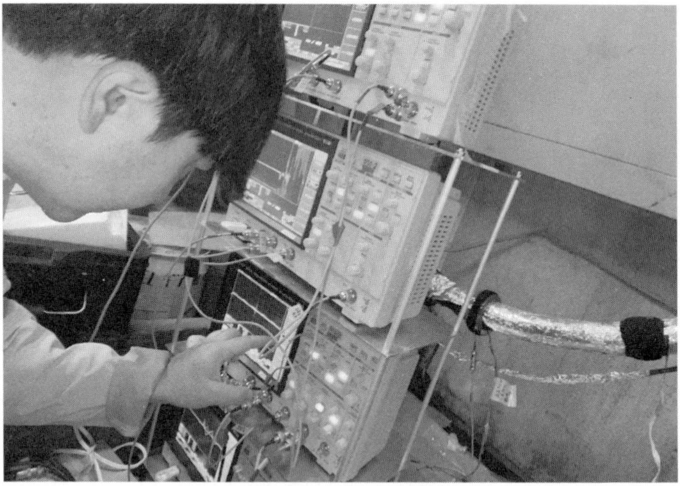

鴨川教授正在操作安本先生製作的閃電觀測裝置

相信大家應該都聽過「打雷閃電時，只要關閉車窗，待在車子裡面就不會有事」的說法吧。這是因為此時汽車的車身就是一個法拉第籠。

富士山測候所也同樣有法拉第籠保護。但隨著建物多次增建和改建，原本的法拉第籠保護力已不夠完全。所以每次打雷時，即便待在建築物裡面，屋內人的頭髮還是會因為打雷而豎起，也曾發生過觀測機器被雷擊損壞的案例。

安本先生在大學專攻電力工程學，並在東京大學當很多年的技術職員，對於雷擊對策有很豐富的經驗。因此後來收到「ＮＰＯ法人富士山」成員的委託，幫忙處理富士山測候所的防雷問題。

於是安本先生參考了富士山測候所的配線圖，實際分析了目前的配線網和接地線排布狀況。因為在這多次增建和改建的過程中，配線方式也跟以前大不相同了。同時為了盡量減少雷擊損害，安本先生也想了幾個改善策略。

當時的安本先生靈光一閃。

那就是在測候所安裝接地線。所謂的接地線，就是在設備發生漏電時，將電流導入大地，避免室內的人觸電的線。而當雷擊發生時，雷電也可以通過接地線流入地下。

安本先生調查過後，發現測候所除了建築物的基礎鋼筋部分，以及垂落在富士山斜面的短接地線外，從富士山山麓將電力輸送到測候所的地下電纜中也裝有接地線。

在分析過後，安本先生判斷這些接地線中，只有安裝在輸電纜內的接地線具

有將雷電導入大地的功能。

富士山測候所的建築建造在富士山堅硬的岩層上。由於岩層不易導電，所以就算把接地線連到岩層，電流也不會流入地下。換言之當雷擊發生時，所有的電都會經由輸電纜中的接地線流入大地。

「也就是說，當雷擊發生時，只要測量輸電纜中的接地線究竟有多少電流通過，理論上就能得知雷擊產生的電流大小。所以利用富士山測候所和接地線，就能做富蘭克林風箏實驗！」

安本先生腦中浮現如此想法。

所謂「富蘭克林風箏實驗」，指的是身兼科學家、政治家、外交官的美國開國元勳之一班傑明・富蘭克林，在十八世紀時想出來的閃電研究實驗。

當時人們還不清楚雷的本質究竟是什麼。於是富蘭克林便希望「證明雷是一種由電引發的現象」。

富蘭克林的點子如下：首先打造一個在雨天也不會被淋壞的堅固風箏，並用絲質的線當風箏線，再準備一個金屬製的鑰匙和萊頓瓶。所謂的萊頓瓶，是一種瓶身內外皆以錫箔包覆，可以將靜電儲存在瓶內的裝置。

然後在打雷的時候，將風箏放到天空中，並在風箏線的捲線器一側綁上金屬鑰匙。

雷電具有容易擊中最高點的性質，所以將風箏放到高空中，自然容易被雷擊中。而當雷擊中風箏時，理論上電流會通過風箏線傳到金屬鑰匙上，最後儲存到萊頓瓶中。這便是富蘭克林的設想。

富蘭克林公開這個點子後，法國有位名叫達利巴爾的物理學家便實際做了實驗，結果實驗果然成功了。這證明了雷的真面目就是電。據說後來富蘭克林自己也做了這個實驗，但實際上到底如何不得而知。

順帶一提，這個實驗有可能導致觸電，非常危險。據說實際上也有人因此死亡。達利巴爾能夠平安完成實驗，只能說是運氣很好。

說回安本先生，他之所以會想到「可以在富士山做富蘭克林風箏實驗」，是因

為富士山測候所本身就像是那個風箏，而連接富士山山麓的接地線則像是風箏線。跟風箏一樣，富士山測候所也是一個很容易遭到雷擊的場所。而就像雷電會通過風箏線傳到地上，擊中富士山測候所的雷電，也會通過接地線流到山麓。

當年富蘭克林只用這個實驗證明了雷的本質就是電。但如今只要利用一種俗稱羅氏線圈電流感測器的儀器，就能精確測量雷擊產生的電流大小。

因此，安本先生決定把富士山測候所當成風箏，將接地線當成風箏線，開始在富士山頂觀測閃電。

觀測各種不同的閃電現象

當初安本先生以為，只有當雷擊剛好落在富士山測候所時，才能測量閃電的電流。

然而實際分析了設置在測候所的感測器數據後，他發現當雷擊落在稍微遠離測候所的地方時，儘管電流量很小，但接地線同樣也有電流通過。同時，當富士山的山麓發生雷擊時，電流也會從接地線逆流而上跑到山頂來。因此安本先生決定製作一個連小電流也能精密測量的高感度感測器，設置在測候所中。

除此之外，這也讓他能夠觀測到打雷發生時，雷雲中的電荷分布發生了何種變化。

不只是直接落在測候所的雷擊，連落在測候所附近或山麓的雷電流量也能測量，代表可以收集到更多關於閃電的資料。

實際上，雷可以分成數個不同種類。

首先是雷擊，可分成負極性閃電和正極性閃電。

請見第一七〇頁的圖。在打雷發生前的雷雲中，如圖所示，正電荷會聚集在雷雲的上邊，而負電荷則聚集在雷雲的下邊。但是電的天性不喜歡這種狀態，所以電會往電中性的方向，也就是消除這種正負電荷集中在一處的方向變化。而所謂的雷擊就是聚積在雷雲下邊的負電荷會往雷雲下方的地面跑，吸引地表的正電荷前來

可以在富士山頂觀測到的雷

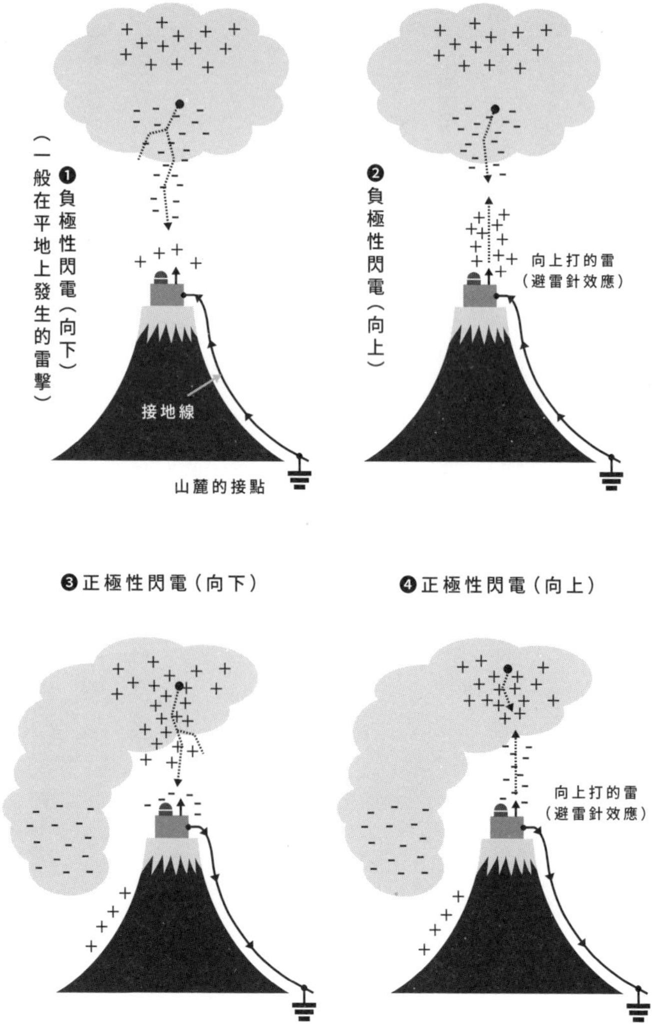

會合，而當兩者結合的那一刻，便會產生強烈的閃電和雷鳴。這就是負極性閃電。

反之，正極性閃電則是聚集在雷雲頂端的正電荷往地面上跑時產生的雷擊。

另外，人們常以為閃電一定是從天空落向地面。但儘管不多見，實際上在高樓或鐵塔這種平地上的高點，閃電有時是從地面往雲的方向放電。往下打的閃電稱為下行閃電，往上打的閃電稱為上行閃電。

此外還有一種多重閃電，這種閃電是在非常短的時間內連續兩、三道閃電循著完全相同的路徑從天空落到地面。

在富士山頂上，不論負極性閃電、正極性閃電、下行閃電、上行閃電、還是多重閃電，全部都觀測得到。由於每種雷（閃電）的電流特徵都不相同，可以收集到許多種類的數據，因此對科學家而言非常吸引人。

「去年（二〇二二年），我們成功觀測到從富士山測候所向雲層放電的上行閃電，也順利收集到很漂亮的數據。但若想完全了解打雷的機制，就不能只滿足於一

次漂亮的資料，數據的累積才是重點。所以今後仍必須腳踏實地持續觀測下去。」（安本先生）

據安本先生的說法，能在這麼近距離觀測閃電的產生，並測量到各種數據的設施，放眼全球也只有富士山測候所而已。

所以對閃電研究領域來說，也能在富士山測候所實現「唯有此處才做得到的研究」。

後記

本書介紹了第一個挑戰在冬季的富士山頂觀測氣象的野中至和千代子夫婦，負責建設富士山雷達，保衛日本免於颱風侵襲的伊藤庄助先生、以及現在仍在富士山測候所從事研究的多位科學家們。他們所生活的時代，以及在富士山頂與富士山測候所做的事情都不相同。

然而他們的共同點，就是都抱持著強烈的意志，認為「有些事情，只有在富士山頂或富士山測候所才辦得到」。

臨時富士山頂觀測所（後來的富士山測候所）在富士山山頂建成，野中至和千代子夫婦心心念念的全年氣象觀測得以實現，已經是距今大約九十年前，一九三二（昭和七）年的事情了。

之後，富士山測候所的任務隨著科技發展和社會的變化而不斷改變。但儘管任務改變了，富士山測候所卻依然屹立不搖，這都是因為在每個時代都有一群相信

「有些事只有這裡能做」的人們存在。換言之，今天富士山測候所能夠存在，都得感謝這一根跨越時代的「意志接力棒」。

那麼，今後的富士山測候所又將會如何發展呢？誠如本書所述，富士山測候所作為一個可以觀測和研究大氣中各種現象的場所，即便放眼世界其他觀測站也具備得天獨厚的條件。我希望未來測候所能繼續存在，也認為有繼續存在的必要。

為此，除了科學界的人士之外，盡可能讓更多人關心富士山測候所的觀測和研究，便成為一件非常重要的事。只要有足夠多人關切，就算未來因為政府的政策使得富士山測候所面臨存續危機，這些人們的力量也能推動政府改變方向。

而我也將繼續關注科學家們在富士山測候所的研究。

長谷川　敦

認定NPO法人　富士山測候所活用會

在2004年無人化後，舊富士山測候所面臨總有一天終將損壞的命運。於是「富士山測候所活用會」決定向國家租借此設施，將之改為研究和教育的據點，並於2005年在一群大氣化學和高海拔醫學的研究者主導下，成立了NPO法人。

2016年本組織成為東京都政府認定的NPO法人，並在2019年被指定為參與科學研究助成事業的研究機構。現在本組織已成為聚集了跨領域研究者的新型研究與教育設施，並獲得來自國際的關注。在夏季的觀測期間，測候所的全年使用者可達約500人。自2007年正式營運以來，總使用人數已達約6000人次。

位於日本第一高點的富士山測候所，為了在未來守護只有此處才能實現的研究，NPO法人將持續活動下去。

組織名　特定非營利活動法人　富士山測候所活用會
住址　〒169-0072　東京都新宿區大久保2-5-5　中村大樓2樓
電話 03-6273-9723　傳真 03-6273-9808
官網　https://npofuji3776.org/

長谷川 敦（Hasegawa Atsushi）

1967年生於廣島縣。從大學期間便開始在出版業相關的公司打工，畢業後直接進入該公司。26歲時產生「想要自己研究、思考、撰寫世上各種問題的原因和解決方法，並以此為職」，於是辭職成為自由作家（不隸屬於單一公司，跟各種公司簽約，以個人名義從事寫作工作）。現以歷史、商業、教育等領域的工作為主。日文著作有《人造河川：荒川》（旬報社）、《日本與世界的知古鑑今現代史》、《一次掌握世界史和時事新聞的新地緣政治學》（上述兩部作品皆為祝田秀全監修，朝日新聞出版社出版）。

編輯協力
認定NPO法人 富士山測候所活用會

YOUKOSO! FUJISAN SOKKOUJO HE NIHON NO TEPPENN DE
KAGAKU NO SAIZENSEN NI IDOMU

歡迎來到富士山測候所

在日本頂峰挑戰科學最前線

2025年7月1日　初版第一刷發行

作　　者　長谷川敦
譯　　者　陳識中
特約編輯　曾羽辰
封面設計　水青子
發 行 人　若森稔雄
發 行 所　台灣東販股份有限公司
〈地址〉台北市南京東路4段130號2F-1
〈電話〉(02)2577-8878
〈傳真〉(02)2577-8896
〈網址〉https://www.tohan.com.tw
郵撥帳號　1405049-4
法律顧問　蕭雄淋律師
總 經 銷　聯合發行股份有限公司
〈電話〉(02)2917-8022

國家圖書館出版品預行編目資料

歡迎來到富士山測候所:在日本頂峰挑戰科學最前線／長谷川敦著；陳識中譯. -- 初版. -- 臺北市；臺灣東販股份有限公司, 2025.07
176面；12.8×18.8公分
ISBN 978-626-379-964-6（平裝）

1.CST：氣象臺 2.CST：日本

328.1331　　114006653

富士山頂

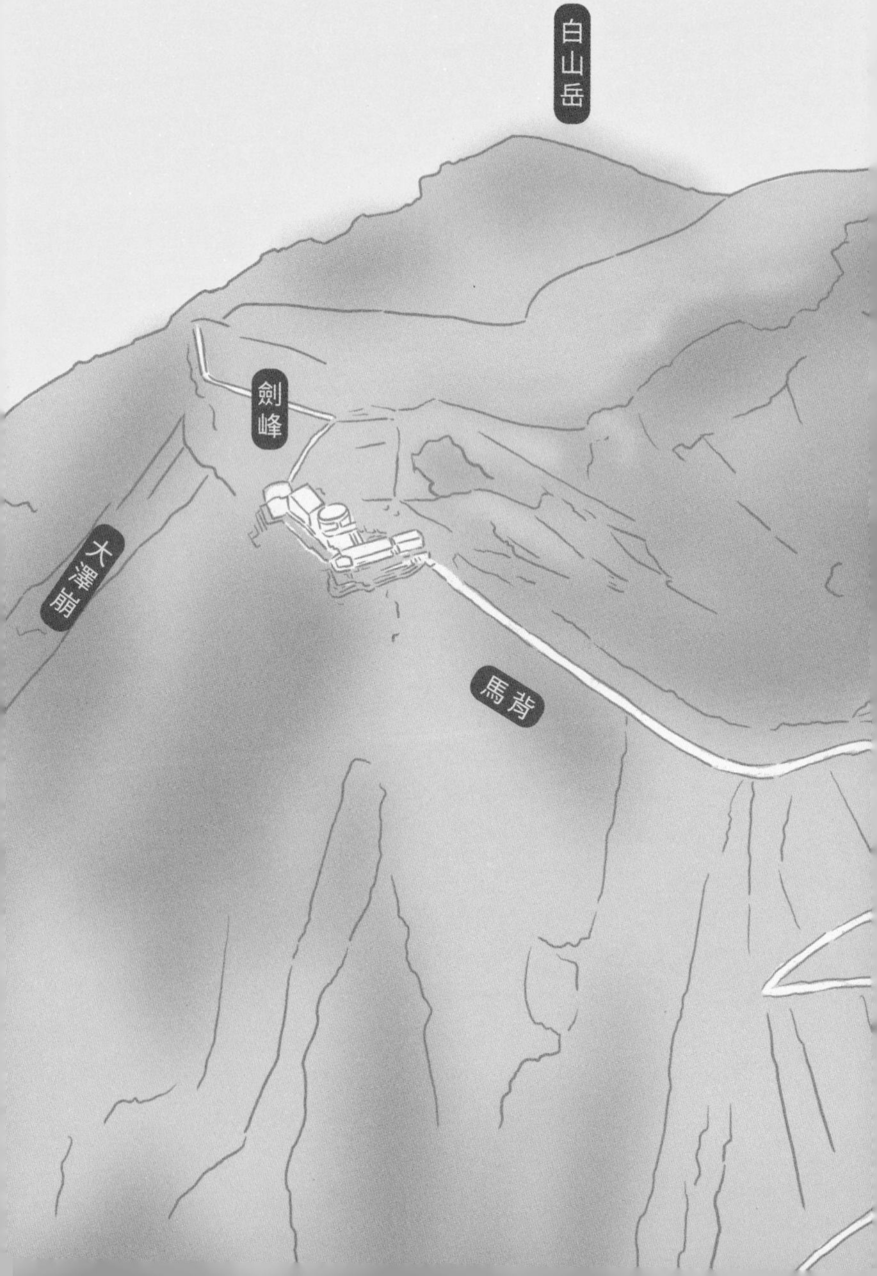

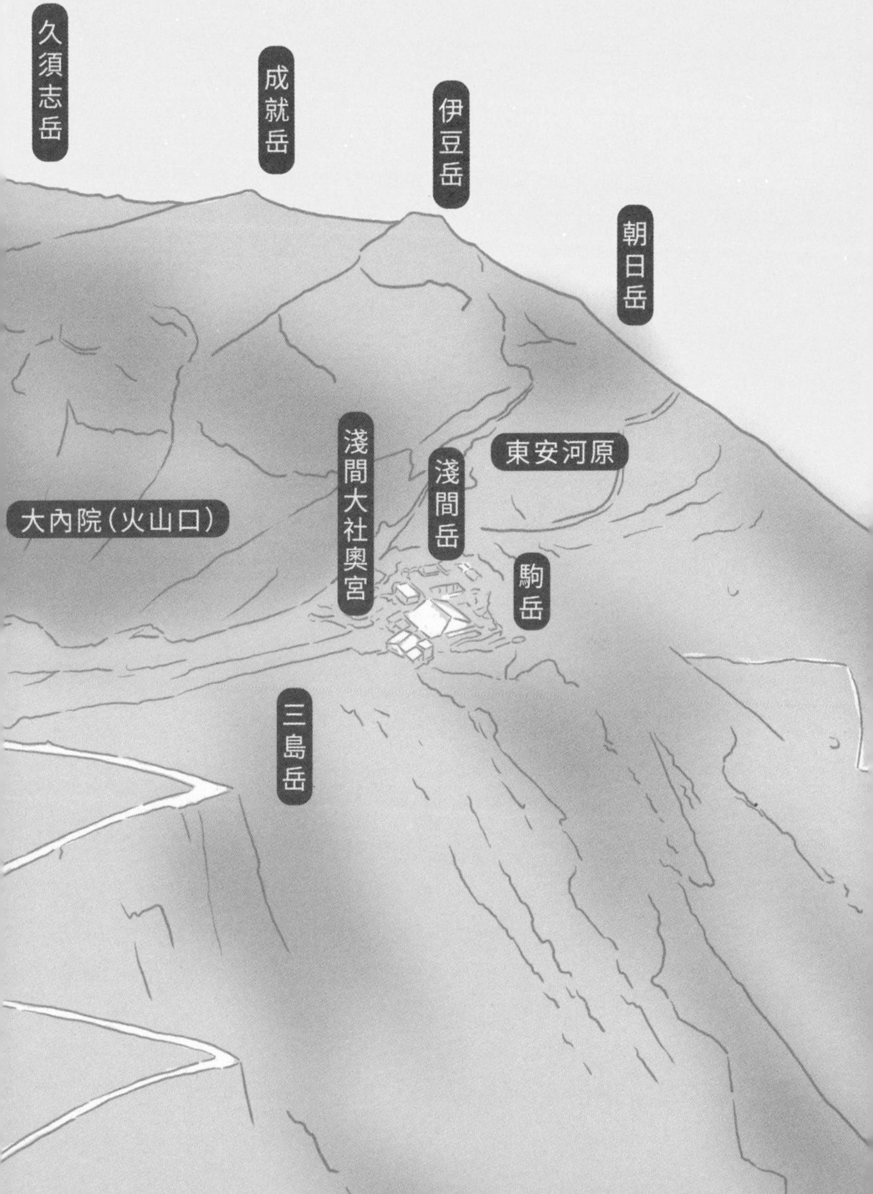

山峰名稱存在各種不同說法。
本圖參考了富士登山官方網站使用的名稱。